[本书案例演示]

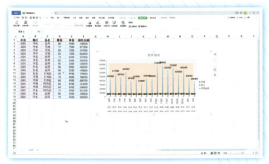
产品销售图表

数据透视图

新建流程图

新建思维导图

新建演示

新建PDF文件

制作教学课件

制作销售课件

[本书案例演示]

添加标记

添加动画

新建表格

设置段落格式

设置分栏

打印预览

稻壳儿模板

制作宣传PPT

计算机基础与实训教材系列

计算机基础实例教程
(Windows 10+WPS Office)
(微课版)

于洋 黄小明 编著

清华大学出版社
北京

内 容 简 介

本书由浅入深、循序渐进地介绍了Windows 10操作系统和WPS Office软件的使用方法以及计算机应用领域的新技术。本书共分14章，分别介绍了计算机基础知识，Windows 10操作系统，WPS Office基础操作，输入与编辑文字，文档的图文混排，文档的排版设计，电子表格的基础操作，使用公式与函数，整理分析表格数据，应用图表和数据透视表，创建演示与制作幻灯片，幻灯片动画设计，放映和输出演示文稿，计算机应用新技术等内容。

本书内容丰富、结构清晰、语言简练、图文并茂，具有很强的实用性和可操作性，适合作为高等院校相关专业的教材，也可作为广大初、中级计算机用户的自学参考书。

本书对应的电子课件、实例源文件和习题答案可以到 http://www.tupwk.com.cn/edu 网站下载，也可以通过扫描前言中的二维码下载，读者扫描前言中的教学视频二维码可以观看教学视频。

本书封面贴有清华大学出版社防伪标签，无标签者不得销售。
版权所有，侵权必究。举报：010-62782989，beiqinquan@tup.tsinghua.edu.cn

图书在版编目(CIP)数据

计算机基础实例教程：Windows 10+WPS Office：微课版 / 于洋，黄小明主编. — 北京：清华大学出版社，2025.2. — (计算机基础与实训教材系列).
ISBN 978-7-302-68219-6

I. TP316.7；TP317.1

中国国家版本馆CIP数据核字第2025BB6812号

责任编辑：胡辰浩
封面设计：高娟妮
版式设计：妙思品位
责任校对：马遥遥
责任印制：丛怀宇

出版发行：清华大学出版社
网　　址：https://www.tup.com.cn，https://www.wqxuetang.com
地　　址：北京清华大学学研大厦A座　　邮　　编：100084
社 总 机：010-83470000　　邮　　购：010-62786544
投稿与读者服务：010-62776969，c-service@tup.tsinghua.edu.cn
质 量 反 馈：010-62772015，zhiliang@tup.tsinghua.edu.cn

印 装 者：三河市人民印务有限公司
经　　销：全国新华书店
开　　本：190mm×260mm　　印　张：20.5　　插　页：1　　字　数：538千字
版　　次：2025年4月第1版　　　　　　　　印　次：2025年4月第1次印刷
定　　价：69.00元

产品编号：101892-01

《计算机基础实例教程(Windows 10+WPS Office)(微课版)》从教学实际需求出发，合理安排知识结构，由浅入深、循序渐进地讲解 Windows 10 操作系统和 WPS Office 软件的使用方法和技巧。全书共分 14 章，主要内容如下。

第 1 章和第 2 章介绍计算机的基础知识，Windows 10 操作系统的应用技巧。

第 3~6 章介绍 WPS Office 文字的操作方法，包括认识软件的操作界面、输入和编辑文字、文档的图文混排、文档的排版设计等内容。

第 7~10 章介绍 WPS Office 表格的操作方法，包括电子表格的基础操作、使用公式与函数、整理分析表格数据、应用图表和数据透视表等内容。

第 11~13 章介绍 WPS Office 演示的操作方法，包括创建和制作幻灯片、设计幻灯片动画、放映和输出演示文稿等内容。

第 14 章介绍计算机应用领域的新技术。

本书内容丰富、图文并茂、条理清晰、通俗易懂，在讲解每个知识点时都配有相应的实例，方便读者上机实践。同时，为了方便老师教学，本书免费提供对应的电子课件、实例源文件和习题答案。本书提供书中实例操作的教学视频，读者可通过扫描下方的"看视频"二维码观看本书对应的同步教学视频。

 本书配套素材和教学课件的下载地址如下。

http://www.tupwk.com.cn/edu

 本书同步教学视频的二维码如下。

　　扫一扫，看视频　　　　　　扫码推送配套资源到邮箱

本书分为 14 章，由于洋和黄小明合作编写完成，其中于洋编写了第 1、2、3、6、10、11、13、14 章，黄小明编写了第 4、5、7、8、9、12 章。由于作者水平有限，本书难免有不足之处，欢迎广大读者批评指正。我们的邮箱是 992116@qq.com，电话是 010-62796045。

编　者
2024 年 11 月

推荐课时安排

章 名	重点掌握内容	教学安排/学时
第1章 计算机基础知识	计算机的产生与发展、计算机的分类与应用、数据的表示和存储	3
第2章 Windows 10 操作系统	管理文件和文件夹、自定义任务栏、创建用户账户	4
第3章 WPS Office 基础操作	操作界面、设置界面元素、文件基础操作	3
第4章 输入与编辑文字	输入文本、设置文本、设置段落格式、设置项目符号和编号	4
第5章 文档的图文混排	插入图片和艺术字、添加文本框和表格	5
第6章 文档的排版设计	设置文档页面格式、添加目录和备注，插入页眉、页脚和页码，设置文档样式	6
第7章 电子表格的基础操作	工作簿的基础操作、工作表的基础操作、单元格的基本操作、设置表格格式	4
第8章 使用公式与函数	使用公式、使用函数、使用名称、常用函数的应用	5
第9章 整理分析表格数据	数据排序、数据筛选、数据分类汇总	6
第10章 应用图表和数据透视表	插入图表、设置图表、制作数据透视表、制作数据透视图	6
第11章 创建演示与制作幻灯片	创建演示、幻灯片基础操作、设计幻灯片母版、丰富幻灯片内容	4
第12章 幻灯片动画设计	设计幻灯片切换动画、添加对象动画效果、动画效果高级设置、制作交互式幻灯片	6
第13章 放映和输出演示文稿	应用排练计时、幻灯片放映设置、放映演示文稿、输出演示文稿	6
第14章 计算机应用新技术	云计算、移动互联网和物联网、大数据、人工智能、虚拟现实、区块链	3

注：1. 教学课时安排仅供参考，授课教师可根据情况进行调整；
　　2. 建议每章安排与教学课时相同时间的上机练习。

目录

第1章 计算机基础知识 …………… 1

1.1 计算思维与算法概述 …………… 2
- 1.1.1 计算思维 ………………… 2
- 1.1.2 算法 ……………………… 5

1.2 计算机的产生与发展 …………… 9
- 1.2.1 计算机的产生 …………… 9
- 1.2.2 计算机的发展 ………… 10

1.3 计算机的分类与应用 ………… 11
- 1.3.1 计算机的分类 ………… 11
- 1.3.2 计算机的应用 ………… 12

1.4 计算机系统的基本组成 ……… 13
- 1.4.1 计算机硬件系统 ……… 14
- 1.4.2 计算机软件系统 ……… 18

1.5 计算机中数据的表示和存储 … 19
- 1.5.1 常用数制 ……………… 19
- 1.5.2 进制间的转换 ………… 21
- 1.5.3 二进制数的表示 ……… 23
- 1.5.4 数据的存储 …………… 31

1.6 多媒体技术的概念与应用 …… 36
- 1.6.1 多媒体的几个主要概念 … 36
- 1.6.2 多媒体的关键技术 …… 37
- 1.6.3 多媒体技术的应用 …… 37

1.7 习题 …………………………… 38

第2章 Windows 10 操作系统 … 39

2.1 操作系统概述 ………………… 40
- 2.1.1 操作系统的基本概念 … 40
- 2.1.2 操作系统的功能 ……… 40
- 2.1.3 操作系统的分类 ……… 44
- 2.1.4 Windows 10 操作系统简介 … 45

2.2 Windows 10 基本操作 ……… 46
- 2.2.1 认识桌面系统 ………… 46
- 2.2.2 操作窗口和对话框 …… 49
- 2.2.3 管理文件和文件夹 …… 53
- 2.2.4 使用汉字输入法 ……… 55

2.3 设置个性化系统环境 ………… 56
- 2.3.1 更改桌面图标 ………… 56
- 2.3.2 更改桌面背景 ………… 57
- 2.3.3 自定义鼠标指针的外形 … 57
- 2.3.4 自定义任务栏 ………… 58
- 2.3.5 设置屏幕保护程序 …… 59
- 2.3.6 设置显示器参数 ……… 60
- 2.3.7 设置系统声音 ………… 61
- 2.3.8 创建用户账户 ………… 62

2.4 管理系统软硬件 ……………… 65
- 2.4.1 卸载软件 ……………… 65
- 2.4.2 查看硬件设备信息 …… 66
- 2.4.3 更新硬件驱动程序 …… 67

2.5 习题 …………………………… 68

第3章 WPS Office 基础操作 … 69

3.1 WPS Office 操作界面 ……… 70
- 3.1.1 【新建】界面 ………… 70
- 3.1.2 文字文稿工作界面 …… 71
- 3.1.3 表格和演示的工作界面 … 72
- 3.1.4 稻壳儿模板 …………… 73

3.2 设置界面元素 ………………… 76
- 3.2.1 添加功能区选项卡和命令按钮 · 76
- 3.2.2 在快速访问工具栏中
  添加命令按钮 ………… 78
- 3.2.3 设置界面皮肤 ………… 79

3.3 文件基础操作 ………………… 80
- 3.3.1 新建和保存文件 ……… 80
- 3.3.2 打开和关闭文件 ……… 83

3.3.3	设置文件密码	83
3.4	习题	84

第4章 输入与编辑文字 85

4.1	输入文本	86
4.1.1	输入基本字符	86
4.1.2	输入日期和时间	87
4.1.3	输入特殊符号	89
4.1.4	插入和改写文本	90
4.1.5	移动和复制文本	90
4.1.6	查找和替换文本	91
4.2	设置文本和段落格式	92
4.2.1	设置字体和颜色	93
4.2.2	设置字符间距	94
4.2.3	设置字符边框和底纹	94
4.2.4	设置段落的对齐方式	95
4.2.5	设置段落缩进	95
4.2.6	设置段落间距	97
4.3	设置项目符号和编号	98
4.3.1	添加项目符号和编号	98
4.3.2	自定义项目符号和编号	99
4.4	实例演练	101
4.5	习题	104

第5章 文档的图文混排 105

5.1	插入图片	106
5.1.1	插入计算机中的图片	106
5.1.2	调整图片大小	107
5.1.3	设置图片的环绕方式	108
5.1.4	为图片添加轮廓	109
5.2	插入艺术字	109
5.2.1	添加艺术字	110
5.2.2	编辑艺术字	110

5.3	添加形状	111
5.3.1	绘制形状	111
5.3.2	编辑形状	112
5.4	添加文本框	113
5.4.1	绘制文本框	113
5.4.2	编辑文本框	114
5.5	添加表格	115
5.5.1	插入表格	115
5.5.2	编辑表格	117
5.6	添加各种图表	121
5.6.1	插入图表	121
5.6.2	插入智能图形	122
5.6.3	插入流程图和思维导图	122
5.7	实例演练	124
5.8	习题	126

第6章 文档的排版设计 127

6.1	设置文档页面格式	128
6.1.1	设置页边距	128
6.1.2	设置纸张	129
6.1.3	添加水印	129
6.2	添加目录和备注	130
6.2.1	设置大纲级别	130
6.2.2	添加目录	131
6.2.3	添加脚注	132
6.2.4	添加批注	133
6.3	插入页眉、页脚和页码	134
6.3.1	插入页眉和页脚	134
6.3.2	插入页码	136
6.4	设置文档样式	137
6.4.1	选择样式	137
6.4.2	修改样式	138
6.4.3	新建样式	139

	6.4.4 删除样式 ……………… 140		7.5	设置表格格式 ……………… 166
6.5	设置特殊格式 ……………………… 141			7.5.1 突出显示重复项 ………… 166
	6.5.1 首字下沉 ……………… 141			7.5.2 设置边框和底纹 ………… 167
	6.5.2 设置分栏 ……………… 142		7.6	实例演练 ……………………… 168
	6.5.3 带圈字符 ……………… 143		7.7	习题 …………………………… 170
	6.5.4 合并字符 ……………… 144			
	6.5.5 双行合一 ……………… 144		**第8章**	**使用公式与函数** ……………… 171
6.6	实例演练 ……………………… 145		8.1	使用公式 ……………………… 172
6.7	习题 …………………………… 148			8.1.1 认识公式和函数 ………… 172
				8.1.2 使用运算符 ……………… 173
第7章	**电子表格的基础操作** ………… 149			8.1.3 单元格引用 ……………… 174
7.1	工作簿的基础操作 …………… 150			8.1.4 输入公式 ………………… 174
	7.1.1 认识工作簿、工作表和			8.1.5 检查与审核公式 ………… 176
	单元格 …………………… 150		8.2	使用函数 ……………………… 177
	7.1.2 创建和保存工作簿 ……… 151			8.2.1 函数的类型 ……………… 177
	7.1.3 加密工作簿 ……………… 153			8.2.2 输入函数 ………………… 177
	7.1.4 分享工作簿 ……………… 154			8.2.3 嵌套函数 ………………… 179
7.2	工作表的基础操作 …………… 155		8.3	使用名称 ……………………… 180
	7.2.1 添加与删除工作表 ……… 155			8.3.1 定义名称 ………………… 180
	7.2.2 重命名工作表 …………… 156			8.3.2 使用名称进行计算 ……… 181
	7.2.3 设置工作表标签的颜色 … 156		8.4	常用函数的应用 ……………… 182
	7.2.4 保护工作表 ……………… 157			8.4.1 使用文本函数提取
7.3	单元格的基本操作 …………… 157			员工信息 ………………… 182
	7.3.1 插入与删除单元格 ……… 157			8.4.2 使用日期和时间函数
	7.3.2 合并与拆分单元格 ……… 158			计算工龄 ………………… 183
	7.3.3 调整行高与列宽 ………… 159			8.4.3 使用逻辑函数计算业绩
7.4	输入数据 ……………………… 160			提成奖金 ………………… 185
	7.4.1 输入文本内容 …………… 160			8.4.4 使用统计函数计算
	7.4.2 输入文本型数据 ………… 161			最高销售额 ……………… 186
	7.4.3 填充数据 ………………… 162			8.4.5 计算个人所得税 ………… 187
	7.4.4 输入日期型数据 ………… 162			8.4.6 计算个人实发工资 ……… 189
	7.4.5 输入特殊符号 …………… 163		8.5	实例演练 ……………………… 189
	7.4.6 不同单元格同时输入数据 … 164		8.6	习题 …………………………… 192
	7.4.7 指定数据的有效范围 …… 165			

第 9 章　整理分析表格数据 193

- 9.1　数据排序 194
  - 9.1.1　单一条件排序 194
  - 9.1.2　自定义排序 194
  - 9.1.3　自定义序列 195
- 9.2　数据筛选 196
  - 9.2.1　自动筛选 197
  - 9.2.2　自定义筛选 197
  - 9.2.3　高级筛选 198
- 9.3　数据分类汇总 200
  - 9.3.1　创建分类汇总 200
  - 9.3.2　多重分类汇总 201
- 9.4　设置条件格式 202
  - 9.4.1　添加数据条 203
  - 9.4.2　添加色阶 203
  - 9.4.3　添加图标集 204
- 9.5　合并计算数据 205
- 9.6　实例演练 206
  - 9.6.1　通过筛选删除空白行 207
  - 9.6.2　模糊筛选数据 208
  - 9.6.3　分析与汇总商品销售数据表 209
- 9.7　习题 210

第 10 章　应用图表和数据透视表 211

- 10.1　插入图表 212
  - 10.1.1　创建图表 212
  - 10.1.2　调整图表的位置和大小 213
  - 10.1.3　更改图表数据源 213
  - 10.1.4　更改图表类型 214
- 10.2　设置图表 215
  - 10.2.1　设置绘图区 215
  - 10.2.2　设置图表标签 216
  - 10.2.3　设置数据系列颜色 217
  - 10.2.4　设置图表格式和布局 218
- 10.3　制作数据透视表 220
  - 10.3.1　创建数据透视表 220
  - 10.3.2　布局数据透视表 221
  - 10.3.3　设置数据透视表 223
- 10.4　制作数据透视图 225
  - 10.4.1　插入数据透视图 225
  - 10.4.2　设置数据透视图 227
- 10.5　设置和打印报表 228
  - 10.5.1　预览打印效果 228
  - 10.5.2　设置打印页面 228
  - 10.5.3　打印表格 230
- 10.6　实例演练 230
  - 10.6.1　创建组合图表 231
  - 10.6.2　计算不同地区销售额平均数 232
- 10.7　习题 234

第 11 章　创建演示与制作幻灯片 235

- 11.1　创建演示 236
  - 11.1.1　创建空白演示 236
  - 11.1.2　根据模板新建演示 236
- 11.2　幻灯片基础操作 237
  - 11.2.1　添加和删除幻灯片 237
  - 11.2.2　复制和移动幻灯片 238
  - 11.2.3　快速套用版式 239
- 11.3　设计幻灯片母版 240
  - 11.3.1　设置母版背景 240
  - 11.3.2　设置母版占位符 241
- 11.4　丰富幻灯片内容 243
  - 11.4.1　编排文字 243
  - 11.4.2　插入艺术字 245
  - 11.4.3　插入图片 246
  - 11.4.4　插入表格 247

目录

11.4.5 插入音频和视频············ 249
11.5 实例演练···················· 250
11.6 习题······················· 254

第12章 幻灯片动画设计············ 255

12.1 设计幻灯片切换动画············ 256
    12.1.1 添加幻灯片切换动画······· 256
    12.1.2 设置切换动画效果选项····· 257
12.2 添加对象动画效果············· 258
    12.2.1 添加进入动画效果········· 258
    12.2.2 添加强调动画效果········· 259
    12.2.3 添加退出动画效果········· 260
    12.2.4 添加动作路径动画效果····· 261
    12.2.5 添加组合动画效果········· 262
12.3 动画效果高级设置············· 264
    12.3.1 设置动画触发器··········· 264
    12.3.2 设置动画计时选项········· 265
    12.3.3 重新排序动画············· 267
12.4 制作交互式幻灯片············· 267
    12.4.1 添加动作按钮············· 268
    12.4.2 添加超链接··············· 270
12.5 实例演练···················· 271
    12.5.1 设计动画效果············· 271
    12.5.2 编辑超链接··············· 276
12.6 习题······················· 278

第13章 放映和输出演示文稿········ 279

13.1 应用排练计时················ 280
    13.1.1 设置排练计时············· 280
    13.1.2 取消排练计时············· 281
13.2 幻灯片放映设置··············· 281

13.2.1 设置放映方式············· 281
13.2.2 设置放映类型············· 284
13.3 放映演示文稿················ 284
    13.3.1 【从头开始】和
        【当页开始】放映·········· 284
    13.3.2 【会议】和【手机遥控】
        放映···················· 285
    13.3.3 使用【演示焦点】功能····· 286
    13.3.4 添加标记················· 287
    13.3.5 跳转幻灯片··············· 289
13.4 输出演示文稿················ 289
    13.4.1 打包演示文稿············· 290
    13.4.2 将演示文稿输出为
        PDF文档················ 291
    13.4.3 将演示文稿输出为视频····· 292
    13.4.4 将演示文稿输出为图片····· 293
    13.4.5 打印演示文稿············· 294
13.5 实例演练···················· 295
    13.5.1 将演示输出为JPG格式····· 295
    13.5.2 打包并放映演示··········· 296
13.6 习题······················· 298

第14章 计算机应用新技术·········· 299

14.1 云计算······················ 300
    14.1.1 云计算的概念············· 300
    14.1.2 云计算的服务和部署模式···· 300
    14.1.3 云计算的特点和应用······· 302
    14.1.4 主流云服务商及其产品····· 302
14.2 移动互联网和物联网············ 303
    14.2.1 移动互联网的概念和
        业务模式················ 303
    14.2.2 物联网的定义和特征······· 304
    14.2.3 物联网的应用和发展趋势··· 305

14.3　大数据……………………………307
　　14.3.1　大数据的定义和特征………307
　　14.3.2　大数据的处理技术 …………307
　　14.3.3　大数据的应用………………308
14.4　人工智能…………………………310
　　14.4.1　人工智能的概念和发展………310
　　14.4.2　人工智能的特点和应用………310
　　14.4.3　人工智能的开发框架
　　　　　　和平台……………………312

14.5　虚拟现实…………………………313
　　14.5.1　虚拟现实的概念和特性……313
　　14.5.2　虚拟现实的分类和应用……314
14.6　区块链……………………………315
　　14.6.1　区块链的定义和特点………315
　　14.6.2　区块链的应用构想…………315
14.7　习题………………………………316

第1章

计算机基础知识

本章主要介绍计算思维与算法的基本概念，计算机的发展、类型及其应用领域，计算机软、硬件系统的组成及主要技术指标，计算机中数据的表示与存储，以及多媒体技术的概念与应用，为后面的学习打下基础。

本章重点

- 计算思维与算法
- 计算机的分类与应用
- 数据的表示和存储
- 计算机的产生与发展
- 计算机系统的基本组成
- 多媒体技术的概念与应用

1.1 计算思维与算法概述

计算机的产生是 20 世纪重大的科技成果之一。自第一台电子计算机诞生以来，计算机学科已经成为 20 世纪以来发展最快的学科之一，尤其是微型计算机的出现和计算机网络的发展，极大地促进了社会信息化的进程和知识经济的发展，引起了社会的变革。现在，计算机已广泛应用于社会的各行各业，正深刻地改变着人们工作、学习与生活的方式。在正式开始讲解计算机系统的基础理论、工作原理，以及计算机作为工具的使用方法之前，本章将首先从计算思维与算法的基础概念开始，介绍计算机技术背后的思想和方法，也就是计算机科学家在解决计算(机)科学问题时的思维方法，阐明计算系统的价值实现。

1.1.1 计算思维

理论科学、实验科学和计算科学作为科学发展的三大支柱，推动着人类文明进步和科技发展。与三大科学方法相对应的是三大科学思维，即理论思维、实验思维和计算思维。

计算思维又称构造思维，以设计和构造为特征，以计算机学科为代表。计算思维的研究目的是提供适当的方法，使人们借助现代和将来的计算机，逐步实现人工智能的较高目标。例如，模式识别、决策、优化和自控等算法都属于计算思维的范畴。

1. 什么是计算思维

计算机科学家迪科斯彻(Edsger Wybe Dijkstra)说过："我们使用的工具影响着我们的思维方式和思维习惯，从而也将深刻地影响我们的思维能力。"计算的发展也影响着人类的思维方式，从最早的结绳计数，发展到目前的电子计算机，人类的思维方式发生了相应的改变(如计算生物学改变着生物学家的思维方式，计算机博弈论改变着经济学家的思维方式，计算社会科学改变着社会学家的思维方式，量子计算改变着物理学家的思维方式)。计算思维已经成为利用计算机求解问题的一种基本思维方法。

"计算思维"是美国卡内基·梅隆大学(CMU)周以真(Jeannette M. Wing)教授提出的一种理论。周以真教授认为，计算思维是指运用计算机科学的基础概念来求解问题、设计系统和理解人类行为，它涵盖了计算机科学的一系列思维活动。

国际教育技术协会(ISTE)和计算机科学教师协会(CSTA)在 2011 年对计算思维给出了一个可操作的定义，即计算思维是一个解决问题的过程，该过程包含以下几个特点：

(1) 拟定问题，并且能够利用计算机和其他工具来解决问题；
(2) 符合逻辑地组织和分析数据；
(3) 通过抽象(如模型、仿真等)再现数据；
(4) 通过算法思想(一系列有序的步骤)，支持自动化的解决方案；
(5) 分析可能的解决方案，找到最有效的方案，并且有效地应用这些方案；

(6) 对该问题的求解过程进行推广，并移植到更广泛的问题中。

2．计算思维的特征

周以真教授在论文《计算思维》中，对计算思维的基本特征进行了如下描述。

(1) 计算思维是人的而不是计算机的思维方式。计算思维是人类求解问题的思维方法，而不是想要人类像计算机那样思考。

(2) 计算思维是数学思维和工程思维的相互融合。计算机科学在本质上源于数学思维，但是受计算设备的限制，迫使计算机科学家必须进行工程思考，而不能只是进行数学思考。

(3) 计算思维建立在计算过程的能力和限制之上。我们需要考虑哪些事情人类比计算机做得好？而哪些事情计算机比人类做得好？最根本的问题是：什么是可计算的？

(4) 为了有效地求解一个问题，我们可能要进一步问：一个近似解是否就够了呢？是否允许漏报和误报？计算思维要做的就是通过简化、转换和仿真等方法，把一个看似困难的问题，重新阐述成一个我们知道如何解决的问题。

(5) 计算思维能够采用抽象和分解的方法，将一个庞杂的任务分解成一个适合计算机处理的问题。计算思维再选择合适的方式对问题进行建模，使其易于处理，从而在我们不必理解系统每个细节的情况下，就能够安全地使用或调整一个大型的复杂系统。

由此可以看出：计算思维以设计和构造为特征。计算思维是运用计算机科学的基本概念，进行问题求解、系统设计的一系列思维活动。

3．计算思维的基本概念

随着计算机的出现，机器与人类有关的思维与实践活动反复交替、不断上升，从而大大促进了计算思维与实践活动向更高层次迈进。计算思维的研究包含两层含义——计算思维研究的内涵以及计算思维推广与应用的外延。其中，立足于计算机学科本身，研究该学科中涉及的构造性思维就是狭义的计算思维。近年来，很多学者提出的各种说法，如算法思维、协议思维、计算逻辑思维、互联网思维、计算系统思维及三元计算思维，它们在实质上都是一种狭义的计算思维。

在不同层面、不同视角下，人们对狭义计算思维的认知观点有以下几个。

(1) 计算思维强调用抽象和分解来处理庞大、复杂的任务或者设计巨大的系统。计算思维关注分离，目的是选择合适的方法来陈述一个问题，或者选择合适的方式来对一个问题的相关方面进行建模，从而使其易于处理。计算思维能够利用不变量简明扼要且表述性地刻画系统的行为。计算思维让我们即使不了解系统的每个细节，也能有信心安全地使用、调整和影响大型复杂系统。计算思维就是为预期的多个用户而进行的模块化，是为预期的未来应用而进行的预置和缓存。

(2) 计算思维是通过冗余、堵错、纠错的方式，在最坏情况下进行预防、保护和恢复的一种思维。计算思维就是学习在协调同步或相互会合时如何避免竞争的情形。

(3) 计算思维利用启发式推理来寻求解答。计算思维就是不确定情况下的规划、学习和调度。计算思维利用海量数据来加快计算。计算思维就是在时间和空间之间、在处理能力和存储容量之间的权衡。

(4) 计算思维是一种用简化、建模、转化和模拟等手段，把复杂问题拆解成可操作解决步骤的思考方式。

(5) 计算思维像搭积木一样分层解决问题，同时处理多个任务。它能将代码与数据相互转换，并通过多角度分析建立系统化的自动验证机制。

我们已经知道，计算思维是人的思维，但并不是所有的"人的思维"都是计算思维。比如，一些我们觉得困难的事情，如累加和、连乘积、微积分等，用计算机来做就很简单；而一些我们觉得容易的事情，如视觉、移动、顿悟、直觉等，用计算机来做就比较困难。例如，让计算机分辨一只动物是猫还是狗可能就不太容易办到。

但在不久的将来，那些可计算的、难计算的甚至不可计算的问题也都会有"解"的方法。这些立足计算本身来解决问题，包括问题求解、系统设计以及人类行为理解等一系列"人的思维"就称为广义的计算思维。

狭义的计算思维基于计算机科学的基本概念，而广义的计算思维基于计算科学的基本概念。广义的计算思维显然是对狭义的计算思维概念的外延和拓展以及推广和应用。狭义的计算思维更强调由计算机作为主体来完成，而广义的计算思维则拓展到由人或机器作为主体来完成。不过，它们虽然是涵盖所有人类活动的一系列思维活动，但都建立在当时的计算过程的能力和限制之上。

4．计算思维的应用

计算思维已渗透到社会的各个学科、各个领域，并正在潜移默化地影响和推动各领域的发展，成为一种发展趋势。

(1) 在生物学中，霰弹枪算法大大提高了人类基因组测序的速度，它不仅具有从海量的序列数据中搜索寻找模式规律的能力，而且能将这些数据转化为计算机能解析的蛋白质三维模型，为药物研发提供精准蓝图。

(2) 在神经科学中，大脑是人体中最难研究的器官。科学家可以从肝脏、脾脏和心脏中提取活细胞进行活体检查，唯独想要从大脑中提取活检组织是个难以实现的目标。无法观测活的大脑细胞一直是精神病研究的障碍。精神病学家目前重换思路，从患者身上提取皮肤细胞，转成干细胞，然后将干细胞分裂成所需的神经元，最后得到所需的大脑细胞，并首次在细胞水平上观测到神经分裂症患者的脑细胞。类似这样的新思维方法，为科学家提供了以前不曾想到的解决方案。

(3) 在物理学中，物理学家和工程师仿照经典计算机处理信息的原理，对量子比特(qubit)中包含的信息进行操控，如控制电子或原子核自旋的上下取向。与现在的计算机相比，量子比特能同时处理两个状态，这意味着量子计算机能同时进行两个计算过程，这将赋予量子计算机超凡的能力，远远超过今天的计算机。现在的研究集中在使量子比特始终保持相干，使其不受周围环境噪声的干扰，如周围原子的"推搡"。随着物理学与计算机科学的融合发展，量子计算机走入人们的生活将不再是梦想。

(4) 在地质学中，"地球是一台模拟计算机"，地质学家用抽象边界和复杂性层次模拟地球与大气层，并且设置越来越多的参数来进行测试。地球甚至可以模拟成生理测试仪，从而跟踪测试生活在不同地区的人们的生活质量、出生和死亡率、气候影响等。

(5) 在数学中，人们发现了 E8 李群(E8 Lie Group)结构，这是 18 名世界顶级数学家凭借他们不懈的努力，借助超级计算机，计算了 4 年零 77 小时，处理了 2000 亿个数据后完成的世界上最复杂的数学结构之一。

(6) 在经济学中，自动设计机制在电子商务中被广泛采用(广告投放、在线拍卖等)。在社会科学中，社交网络是 MySpace 和 YouTube 等发展壮大的原因之一，统计机器学习被用于推荐和声誉排名系统，如 Netflix 和联名信用卡等。

(7) 在工程领域，计算高阶项可以提高精度，进而减少质量、减少浪费并节省制造成本。波音 777 飞机没有经过风洞测试，而是完全采用计算机模拟测试。在航空航天工程中，研究人员利用最新的成像技术，重新检测"阿波罗 11 号"带回的月球上类似玻璃的沙砾样本，模拟后的三维立体图像放大几百倍后仍清晰可见。

(8) 在环境学中，大气科学家通过使用计算机模拟暴风云的形成来预报飓风及其强度。最近，计算机仿真模型表明空气中的污染物颗粒有利于减缓热带气旋。因此，与污染物颗粒相似但不影响环境的气溶胶被研发并将成为阻止和延缓这种大风暴的有力手段。

(9) 在艺术领域，通过在音乐、戏剧、摄影等方面借助计算思维并应用计算工具，能让艺术家得到"从未有过的崭新体验"。

由此可见，当实验和理论思维无法解决问题时，我们可以使用计算思维来理解大规模序列。计算思维不仅提高了解决问题的效率，甚至可以延伸到解决经济问题和社会问题。大量复杂问题的求解、宏大系统的建立、大型工程的组织都可以通过计算来模拟，包括计算流体力学、物理、电气电子系统和电路，甚至和人类居住地联系在一起的社会和社会形态研究，此外还有核爆炸、蛋白质生成、大型飞机、舰艇设计等，都可应用计算思维并借助现代计算机进行模拟。

计算机科学家面临过什么样的问题？对于这些问题他们是怎样思考的？他们又是怎么解决问题的？从问题到解决问题的方案，其中蕴含着怎样的思想和方法？如果我们弄明白了计算机科学家是如何分析问题、解决问题的，并将它们借鉴到我们的工作生活中，那么我们就真正理解计算思维的意义了。

1.1.2 算法

通俗地讲，算法就是定义任务如何一步一步执行的一套步骤。在日常生活中，我们经常会碰到算法。例如，我们在刷牙的时候会执行如下算法：拿出牙刷，打开牙膏盖，持续执行挤牙膏的操作，直到足够量的牙膏涂抹在牙刷上，然后盖上牙膏盖，将牙刷放到嘴里，上下移动牙刷等。再比如，如果我们每天都需要乘坐地铁，那么乘坐地铁也是一种算法。诸如此类，都是"算法"的体现。

计算机与算法有着密不可分的关系。正如上面举例说明的算法会影响我们的日常生活一样，计算机上运行的算法也会影响我们的生活。例如，当我们使用 GPS 或"北斗"来寻找出行路线时，就会使用一种称为"最短路径"的算法以寻求路线；当我们在网上购物时，就会运行使用了加密算法的安全网站；当网上下单的商品发货时，快递公司将使用算法将快递包裹分配给不同的卡车，然后确定每个司机的发车顺序。算法运行在各种设备上，可能运行在台式计算机(或笔记本电脑)上、服务器上、智能手机上，也可能运行在车载电脑、微波炉、可穿戴设备上。总之，算法无处不在。

1. 算法的基本定义

算法(algorithm)被公认为计算机科学的灵魂。简单地说，算法就是解决问题的方法和步骤。在实际情况下，方法不同，对应的步骤也不一样。在设计算法时，首先应考虑采用什么方法，方法确定了，再考虑具体的求解步骤。任何解题过程都是由一定的步骤组成的，我们通常把关于解题过程准确而完整的描述称为求解这一问题的算法。

进一步说，程序就是用计算机语言表述的算法，流程图则是图形化之后的算法。既然算法是解决给定问题的方法，那么算法的处理对象必然是该问题涉及的相关数据。因此，算法与数据是程序设计过程中密切相关的两个方面。程序的目的是加工数据，而如何加工数据是算法的问题。程序是数据结构与算法的统一。著名计算机科学家、Pascal 语言发明者尼古拉斯·沃斯(Niklaus Wirth)教授提出了以下公式：

$$程序＝算法＋数据结构$$

这个公式的重要性在于表达了以下思想：既不能离开数据结构去抽象地分析程序的算法，也不能脱离算法去孤立地研究程序的数据结构，而只能从算法与数据结构的统一上认识程序。换言之，程序就是在数据的某些特定表示方式和结构的基础上，对抽象算法的计算机语言具体表述。

当使用一种计算机语言描述某个算法时，其表述形式就是计算机语言程序；而当某个算法的描述形式详尽到足以用一种计算机语言来表述时，"程序"不过是瓜熟蒂落、唾手可得的产品而已。因此，算法是程序的前导与基础。从算法的角度，可以将程序定义为：为解决给定问题的计算机语言有穷操作规则(低级语言的指令，高级语言的语句)的有序集合。当采用低级语言(机器语言和汇编语言)时，程序的表述形式为"指令(instruction)的有序集合"；当采用高级语言时，程序的表述形式为"语句(statement)的有序集合"。

2. 算法的基本特征

算法的基本特征有以下 5 个。

(1) 有穷性。一个算法必须在有穷步骤后结束，即算法必须在有限时间内完成。这种有穷性使得算法不能保证一定有解，结果包括以下几种情况：有解；无解；有理论解；有理论解，但算法运行后，没有得到解；不知道有没有解，但在算法执行有穷步骤后没有得到解。

(2) 确定性。算法中的每一条指令必须有确切含义，无二义性，不会产生理解偏差。算法可以有多条执行路径，但是对于某个确定的条件值，只能选择其中的一条路径执行。

(3) 可行性。算法是可行的，里面描述的操作都可以通过基本的有限次运算来实现。

(4) 输入。一个算法有零个或多个输入，输入取自某些特定对象的集合。有些输入在算法执行过程中输入，有些算法则不需要外部输入，输入已被嵌入算法中。

(5) 输出。一个算法有一个或多个输出，输出与输入之间存在某些特定的关系。不同的输入可以产生不同或相同的输出，但是相同的输入必须产生相同的输出。

需要说明的是，有穷性这一限制是不充分的。实用的算法不仅要求有穷的操作步骤，而且应该尽可能包含有限的步骤。

3. 算法的表示方法

算法可以用任何形式的语言和符号来表示，通常有自然语言、伪代码、流程图、N-S 图、PAD 图、UML 等。

(1) 用自然语言表示算法。用自然语言描述算法的优点是简单，便于人们对算法进行阅读。但是，用自然语言描述算法时文字冗长，容易出现歧义；而且用自然语言描述分支和循环结构时不够直观。

下面用自然语言描述计算并输出 z=x÷y 的流程：

① 输入变量 x 和 y；
② 判断 y 是否为 0；
③ 如果 y=0，就输出出错提示信息；
④ 否则计算 z=x/y；
⑤ 输出 z。

(2) 用伪代码表示算法。用编程语言描述算法过于烦琐，常常需要借助注释才能使人看明白。为了解决算法理解与算法执行之间的矛盾，人们常常采用伪代码进行算法思想的描述。伪代码忽略了编程语言中严格的语法规则和细节描述，使算法容易被人理解。伪代码是一种算法描述语言。用伪代码表示算法时并无固定的、严格的语法规则(没有标准规范)，只要把意思表达清楚，并且书写格式清晰、易于读写即可。因此，大部分教材对伪代码做了以下约定。

▽ 伪代码可以用英文、中文、中英文混合表示算法。例如，在进行条件判断时，可使用 if-then-else-end if 语句，这种方法不仅符合人们正常的思维方式，而且在转换成程序设计语言时也比较方便。

▽ 伪代码中的每一行表示一个基本操作。每一条指令占一行(if 语句例外)，语句末尾不需要任何符号(C 语言以分号结尾)，语句的缩进表示程序中的分支结构。

▽ 在伪代码中，变量名和保留字不区分大小写，变量在使用时也不需要事先声明。

▽ 伪代码用符号←表示赋值语句，例如 x←exp 表示将 exp 的值赋给 x，其中 x 是变量，exp 则是与 x 同数据类型的变量或表达式。C/C++、Java 程序语言使用=进行赋值，如 x=0、a=b+c、n=n+1、ts="请输入数据"等。

▽ 在伪代码中，选择语句用 if-then-else-end if 表示；循环语句则一般用 while 或 for 表示，end while 或 end for 表示循环结束，语法与 C 语言类似。

▽ 在伪代码中，函数值用"return(变量名)"语句来返回，如 return(z)；方法则用"call 函数名(变量名)"语句来调用，如 call Max(x,y)。

下面通过键盘输入两个数,然后输出其中最大的那个数。这可以用伪代码描述如下。

```
Begin                        #算法伪代码开始
input A,B                    #输入变量 A 和 B
    if A>B then Max←A        #如果 A 大于 B,就将 A 赋值给 Max
    else Max←B               #否则将 B 赋值给 Max
    end if                   #结束 if 语句
output Max                   #输出最大数 Max
End                          #算法伪代码结束
```

(3) 用流程图表示算法。流程图由一些具有特定意义的图形、流程线及简要的文字说明构成,它能清晰地表示程序的运行过程。在流程图中,一般用圆边框表示算法开始或结束;用矩形框表示各种处理功能;用平行四边形框表示数据的输入或输出;用菱形框表示条件判断;用圆圈表示连接点;用箭头线表示算法流程;用文字 Y(真)表示条件成立,用文字 N(假)表示条件不成立。用流程图描述的算法不能直接在计算机上执行,为了将其转换成可执行的程序,我们还需要进行编程。

用流程图表示如下算法:输入 x、y,计算 z=x÷y,输出 z(流程图如图 1-1 所示)。

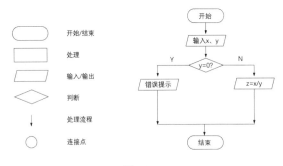

图 1-1

4. 算法的作用

一台机器(例如计算机)在执行任务之前,必须先找到与之兼容的执行任务的算法。算法的表示被称作程序(program)。为了方便人类读写,程序通常打印在纸上或显示在计算机屏幕上;为了便于机器执行,程序需要以一种与机器兼容的形式编码。开发程序并将其编码成与机器兼容的形式,然后输入机器中的过程就叫作编程(programming)。程序及其体现的算法共同被称为"软件"(software),而机器本身则被称为"硬件"(hardware)。

可通过算法的方式捕获并传达智能(或者至少是智能行为),从而使我们能够让机器执行有意义的任务。因此,机器表现出来的智能受限于算法本身可以传达的智能。只有当执行某任务的算法存在时,我们才可以制造出执行该任务的机器。换言之,如果执行某任务的算法还不存在,那么该任务就已经超出机器的能力范围了。

20 世纪 30 年代,库尔特·哥德尔(Kurt Gödel,美籍奥地利数学家、逻辑学家和哲学家)发表了有关不完备性理论的论文,算法能力成为数学领域的研究命题。这一理论从本质上阐述了在任何包含传统算术系统的数学理论中,总有通过算法方式不能确定真伪的命题。简单来说,对算术系统的任何完整性研究都超出了算法活动的能力范围。哥德尔的发现虽然撼动了数学大厦的根基，却像播种机般催生了算法研究的萌芽。这些最初为修补数学漏洞而生的探索，最终在1940年图灵机的理论框架中生根发芽，逐渐成长为支撑整个计算机科学的参天巨树。

1.2 计算机的产生与发展

1946年，世界上第一台电子计算机在美国宾夕法尼亚大学诞生。之后短短的几十年里，电子计算机经历了几代的演变，并迅速渗透到人类生活和生产的各个领域，在科学计算、工程设计、数据处理以及人们的日常生活中发挥着巨大的作用。电子计算机被公认为20世纪最重大的工业革命成果之一。

计算机是一种能够存储程序，并按照程序自动、高速、精确地进行大量计算和信息处理的电子机器。科技的进步促使计算机的产生和迅速发展，而计算机的迅速发展又反过来促进了科学技术和生产水平的提高。电子计算机的发展和应用水平，已经成为衡量一个国家科学技术水平和经济实力的重要标志。

1.2.1 计算机的产生

1946年2月，在第二次世界大战期间，由于军事上的需要，美国宾夕法尼亚大学的物理学家莫克利和工程师埃克特等人为弹道导弹研究实验室研究出了著名的电子数值积分计算机(electronic numerical integrator and calculator，ENIAC)，如图1-2所示。一般认为，这是世界上第一台数字式电子计算机，它标志着电子计算机时代的到来。

ENIAC的运算速度可以达到5000次/秒加法运算，相当于手动计算的20万倍(据测算，最快的手动计算速度是5次/秒加法运算)或机电式计算机的1000倍。ENIAC可以进行平方、立方运算，正弦和余弦等三角函数计算以及一些更复杂的运算。美国军方对炮弹弹道的计算，之前需要200人手动计算两个月，ENIAC只需要3秒即可完成。ENIAC之后被用于诸多科研领域，它曾在人类第一颗原子弹的研制过程中发挥重要作用。

图1-2

早期的 ENIAC 是一个重量达 30 吨、占地面积约 170 平方米的庞然大物,其使用了大约 1500 个继电器、18 000 只电子管、7000 多只电阻和其他各种电子元件,每小时的耗电量大约 140 千瓦。尽管 ENIAC 证明了电子真空技术可以极大地提高计算技术,但它本身存在两大缺点:一是没有真正的存储器,程序是外插型的,电路的连通需要手动进行;二是用布线接板进行控制,耗时长,故障率高。

在 ENIAC 诞生之前的 1944 年,美籍匈牙利科学家冯·诺依曼就已经是 ENIAC 研制小组的顾问。针对 ENIAC 设计过程中出现的问题,1945 年,他以"关于 EDVAC(electronic discrete variable automatic computer,离散变量自动电子计算机)的报告草案"为题起草了一份长达 101 页的总结报告。这份报告提出了制造电子计算机和进行程序设计的新思想,即"存储程序"和"采用二进制编码";此外还明确说明了新型的计算机由 5 部分组成——运算器、逻辑控制装置、存储器、输入设备和输出设备,并描述了这 5 部分的逻辑设计。EDVAC 是一种全新的"存储程序通用电子计算机方案",为计算机的设计树立了一座里程碑。

1949 年,首次实现了冯·诺依曼存储程序思想的 EDSAC(电子延迟存储自动计算机)由英国剑桥大学研制并正式运行。同年 8 月,EDSAC 交付使用,后于 1951 年开始正式运行,其运算速度是 ENIAC 的 240 倍。直到今天,不管是多大规模的计算机,其基本结构仍遵循冯·诺依曼提出的基本原理,因而被称为"冯·诺依曼计算机"。

1.2.2 计算机的发展

计算机的发展阶段通常以构成计算机的电子器件来划分,至今已经历四代,目前正在向第五代过渡。每一个发展阶段在技术上都是一次新的突破,在性能上都是一次质的飞跃。下面介绍计算机的发展简史。

1. 第一代电子管计算机(1946—1957 年)

第一代计算机采用的主要元件是电子管,称为电子管计算机,其主要特征如下。
(1) 采用电子管元件,体积庞大,耗电量高,可靠性差,维护困难。
(2) 计算速度慢,一般为每秒一千次到一万次运算。
(3) 使用机器语言,几乎没有系统软件。
(4) 采用磁鼓、小磁芯作为存储器,存储空间有限。
(5) 输入/输出设备简单,采用穿孔纸带或卡片。
(6) 主要用于科学计算。

2. 第二代晶体管计算机(1958—1964 年)

晶体管的发明给计算机技术的发展带来革命性的变化。第二代计算机采用的主要元件是晶体管,称为晶体管计算机,其主要特征如下。
(1) 采用晶体管元件,体积大大缩小,可靠性增强,寿命延长。
(2) 计算速度加快,达到每秒几万次到几十万次运算。
(3) 提出了操作系统的概念,出现了汇编语言,产生了 FORTRAN 和 COBOL 等高级程序设计语言和批处理系统。

(4) 普遍采用磁芯作为内存储器，并采用磁盘、磁带作为外存储器，容量大大提高。

(5) 计算机应用领域扩大，除科学计算外，还被用于数据处理和实时过程控制。

3．第三代集成电路计算机(1965－1969 年)

20 世纪 60 年代中期，随着半导体工艺的发展，人们已经制造出集成电路元件。集成电路可以在几平方毫米的单晶硅片上集成十几个甚至上百个电子元件。第三代计算机开始使用中小规模的集成电路元件，其主要特征如下。

(1) 采用中小规模集成电路元件，体积进一步缩小，寿命更长。

(2) 计算速度加快，每秒执行指令数可达几百万条。

(3) 高级语言进一步发展，操作系统的出现使计算机的功能更强，计算机开始被广泛应用于各个领域。

(4) 普遍采用半导体存储器，存储容量进一步提高，但体积更小、价格更低。

(5) 计算机的应用范围扩大到企业管理和辅助设计等领域。

4．第四代大规模集成电路和超大规模集成电路计算机(从 1970 年至今)

随着 20 世纪 70 年代初集成电路制造技术的飞速发展，产生的大规模集成电路元件使计算机进入一个崭新的时代，即大规模和超大规模集成电路计算机时代，其主要特征如下。

(1) 采用大规模集成(large scale integration，LSI)电路和超大规模集成 (very large scale integration，VLSI)电路元件，体积与第三代计算机相比进一步缩小，可在硅半导体上集成几十万甚至上百万个电子元器件，可靠性更好，寿命更长。

(2) 计算速度加快，每秒可执行几千万条到几十亿条指令。

(3) 软件配置丰富，软件系统工程化、理论化，程序设计部分自动化。

(4) 出现了并行处理技术和多机系统，微型计算机大量进入家庭，产品更新速度加快。

(5) 计算机在办公自动化、数据库管理、图像处理、语言识别和专家系统等各个领域大显身手，计算机的发展进入以计算机网络为特征的时代。

1.3 计算机的分类与应用

计算机的种类很多，从不同角度看，计算机有不同的分类方法。随着计算机科学技术的不断发展，计算机的应用领域越来越广泛，应用水平越来越高，正在改变人们传统的工作、学习和生活方式，推动人类社会不断进步。下面介绍计算机的分类和主要应用领域。

1.3.1 计算机的分类

科学技术的发展带动了计算机类型的不断变化，形成了各种不同种类的计算机。不同的应用需要不同类型计算机的支持。计算机最初按照结构原理分为模拟计算机、数字计算机和混合式计算机三类，按用途又可以分为专用计算机和通用计算机两类。专用计算机是针对某类应用而设计的计算机系统，具有经济、实用、有效等特点(如铁路、飞机、银行使用的就是专用计算机)。通常所说的计算机是指通用计算机，如学校教学、企业会计做账和家用的计算机。

对于通用计算机而言，又可以按照计算机的运行速度、字长、存储容量等综合性能进行分类。

(1) 超级计算机。超级计算机就是常说的巨型机，主要用于科学计算，运算速度在每秒亿万次以上，数据存储容量很大，结构复杂，价格昂贵。超级计算机是国家科研的重要基础工具，在军事、气象、地质等诸多领域的研究中发挥着重要的作用。目前，国际上对高性能计算机最权威的评测机构是世界超级计算机协会的 TOP 500 组织，该组织每年都会公布一次全球超级计算机 500 强排行榜。

(2) 微型计算机。大规模集成电路与超大规模集成电路的发展是微型计算机得以产生的前提。日常使用的台式计算机、笔记本电脑、掌上电脑等都是微型计算机。目前微型计算机已被广泛应用于科研、办公、学习、娱乐等社会生产和生活的方方面面，是发展最快、应用最为普遍的计算机。

(3) 工作站。工作站是微型计算机的一种，相当于一种高档的微型计算机。工作站通常配置有容量很大的内存储器和外部存储器，主要面向专业应用领域，具备强大的数据运算与图形图像处理能力。工作站主要是为了满足工程设计、科学研究、软件开发、动画设计、信息服务等专业领域而设计开发的高性能微型计算机。注意：这里所说的工作站不同于计算机网络系统中的工作站，后者是网络中的任一用户节点，可以是网络中的任何一台普通微型计算机或终端。

(4) 服务器。服务器是指在网络环境中为网上多个用户提供共享信息资源和各种服务的高性能计算机。服务器上需要安装网络操作系统、网络协议和各种网络服务软件，主要用于为用户提供文件、数据库、应用及通信方面的服务。

(5) 嵌入式计算机。嵌入式计算机需要嵌入对象体系中，是实现对象体系智能化控制的专用计算机系统。例如，车载控制设备、智能家居控制器以及日常生活中使用的各种家用电器都采用了嵌入式计算机。嵌入式计算机以应用为中心，以计算机技术为基础，并且软、硬件可裁剪，适用于对系统的功能、可靠性、成本、体积、功耗有严格要求的场合。

1.3.2 计算机的应用

计算机的快速性、通用性、准确性和逻辑性等特点，使其不仅具有高速运算能力，而且具有逻辑分析和逻辑判断能力。这不仅可以大大提高人们的工作效率，而且现代计算机还可以部分替代人的脑力劳动，进行一定程度的逻辑判断和运算。如今，计算机已渗透到人们生活和工作的各个层面，其应用主要体现在以下几个方面。

(1) 科学计算(或数值计算)：是指利用计算机来完成科学研究和工程技术中提出的数学问题的计算。在现代科学技术工作中，存在大量且复杂的科学计算问题。利用计算机的高速计算、大存储容量和连续运算的能力，可以实现人工无法解决的各种科学计算问题。

(2) 信息处理(或数据处理)：是对各种数据进行收集、存储、整理、分类、统计、加工、利用、传播等一系列活动的统称。据统计,80%以上的计算机主要用于数据处理。这类工作量大面宽,决定了计算机应用的主导方向。

(3) 自动控制(或过程控制):是指利用计算机及时采集检测数据,按最优值迅速对控制对象进行自动调节或自动控制。采用计算机进行自动控制,不仅可以大大提高控制的自动化水平,而且可以提高控制的及时性和准确性,从而改善劳动条件、提高产品质量及合格率。目前,计算机自动控制已在机械、冶金、石油、化工、纺织、水电、航天等领域得到广泛应用。

(4) 计算机辅助技术:是指利用计算机帮助人们进行各种设计、处理等过程,包括计算机辅助设计(CAD)、计算机辅助制造(CAM)、计算机辅助教学(CAI)和计算机辅助测试(CAT)等。另外,计算机辅助技术还有辅助生产、辅助绘图和辅助排版等。

(5) 人工智能(或智能模拟):是指利用计算机模拟人类的智能活动,诸如感知、判断、理解、学习、问题求解和图像识别等。人工智能(artificial intelligence,AI)的研究目标是让计算机更好地模拟人的思维活动,从而完成更复杂的控制任务。

(6) 网络应用:随着社会信息化的发展,通信业也发展迅速,计算机在通信领域的作用越来越大,促进了计算机网络的迅速发展。目前全球最大的网络(Internet,互联网),已把全球的大多数计算机联系在一起。除此之外,计算机在信息高速公路、电子商务、娱乐和游戏等领域也得到了快速发展。

1.4 计算机系统的基本组成

完整的计算机系统由硬件系统和软件系统两部分组成。现在的计算机已经发展成一个庞大的家族,其中的每个成员尽管在规模、性能、结构和应用等方面存在很大的差别,但它们的基本结构和工作原理是相同的。

计算机由许多部件组成,但总体来说,完整的计算机系统由两大部分组成,即硬件系统和软件系统,如图1-3所示。

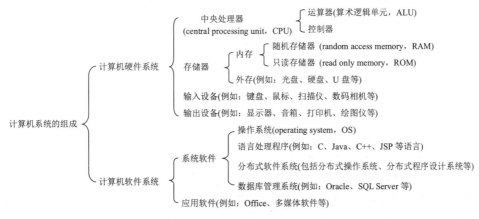

图1-3

1.4.1 计算机硬件系统

所谓硬件，就是构成计算机的物理部件，硬件是计算机的物质基础。计算机无论在结构和功能上发生什么变化，究其本质而言，都仍然是以冯·诺依曼计算机结构为主体而构建的。

1. 冯·诺依曼计算机模型

根据冯·诺依曼的设想，计算机必须具有以下功能。

- 接收输入：所谓"输入"，是指送入计算机系统的任何东西，也指把信息送进计算机的过程。输入可由人、环境或其他设备来完成。
- 存储数据：具有记忆程序、数据、中间结果及最终运算结果的能力。
- 处理数据：数据泛指那些代表某些事实和思想的符号，计算机需要具备完成各种运算、数据传送等数据加工处理的能力。
- 自动控制：能根据程序控制自动执行，并能根据指令控制机器各部件协调操作。
- 产生输出：输出是指计算机生成的结果，也指产生输出结果的过程。

按照这一设想构造的计算机应该由 4 个子系统组成，如图 1-4 所示。

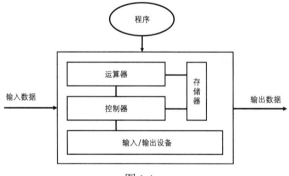

图 1-4

其中，各子系统承担的任务如下。

- 存储器：存储器是实现"程序内存"思想的计算机部件。冯·诺依曼认为，对于计算机而言，程序和数据是一样的，所以都可以被事先存储。把运算程序事先放在存储器中，程序设计人员只需要在存储器中寻找运算指令，机器就会自行计算，这样就解决了计算器需要每个问题都重新编程的问题。"程序内存"标志着计算机自动运算实现的可能。综上，存储器用来存放计算机运行过程中所需的数据和程序。
- 运算器：运算器是冯·诺依曼计算机中的计算核心，用于完成各种算术运算和逻辑运算，所以也被称为算术逻辑单元(arithmetic logic unit, ALU)。除计算外，运算器还应当具有暂存运算结果和传送数据的能力，这一切活动都受控于控制器。
- 控制器：控制器是整个计算机的指挥控制中心，主要功能是向机器的各个部件发出控制信号，使整个机器自动、协调地工作。控制器管理着数据的输入、存储、读取、运算、操作、输出以及控制器本身的活动。

▽ 输入/输出设备：输入设备用来将程序和原始数据转换成二进制串，并在控制器的指挥下将它们按一定的地址顺序送入内存。输出设备则用来将运算结果转换为人们所能识别的信息形式，并在控制器的指挥下由机器内部输出。

2. 计算机的基本组成

按照冯·诺依曼的设想设计的计算机，其体系结构分为控制器、运算器、存储器、输入设备、输出设备5大部分，如图1-5所示。

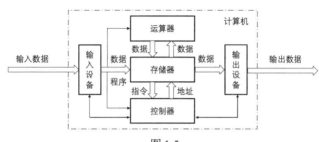

图 1-5

在图1-5中，双线表示并行流动的一组数据信息，单线表示串行流动的控制信息，箭头则表示信息流动的方向。当计算机工作时，这5大部分的基本工作流程如下：整个计算机在控制器的统一协调指挥下完成信息的计算与处理，而控制器进行指挥时依赖的程序则是人为编制的，需要事先通过输入设备将"程序"和需要加工的"数据"一起存入存储器。当计算机开始工作时，将通过"地址"从存储器中找到"指令"，控制器则按照对指令的解析进行相应的发布命令和执行命令的工作。运算器是计算机的执行部门，它将根据控制命令从存储器中获取"数据"并进行计算，然后将计算所得的新"数据"存入存储器。计算结果最终经输出设备完成输出。

(1) 中央处理器。在图1-5所示的体系结构中，控制器和运算器是计算机系统的核心，称为中央处理器(central processing unit，CPU)。CPU控制计算机发生的全部动作，安装在计算机主机内部，如图1-6所示。

图 1-6

(2) 存储器。存储器的作用无疑是计算机自动化的基本保证，因为它实现了"程序存储"的思想。存储器通常由主存储器和辅助存储器两部分构成，由此组成计算机的存储体系。

主存储器又称为内存储器、主存或内存，它和运算器、控制器联系紧密，负责与计算机的各个部件进行数据传送。主存储器的存取速度直接影响计算机的整体运行速度，所以在计算机的设计和制造上,主存储器和运算器、控制器是通过内部总线紧密连接的,它们都采用同类电子元件制成。通常,我们将运算器、控制器、主存储器三大部分合称为计算机的主机,如图1-7所示。

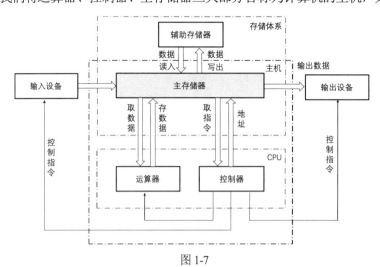

图 1-7

主存储器按信息的存取方式分为 ROM 和 RAM 两种。

▽ 对于 ROM(read only memory,只读存储器)来说,信息一旦写入就不能更改。ROM 的主要作用是完成计算机的启动、自检、各功能模块的初始化、系统引导等重要功能,只占主存储器很小的一部分。在通用计算机中,ROM 指的是主板(如图 1-8 左图所示)上的 BIOS ROM(其中存储着计算机开机启动前需要运行的设置程序)。

▽ RAM(random access memory,随机存储器)是主存储器的一部分。当计算机工作时,RAM 能保存数据,但一旦电源被切断,RAM 中的数据将完全消失。通用计算机中的 RAM 有多种存在形式,第一种是大容量、低价格的动态随机存取存储器(dynamic RAM,DRAM),作为内存(如图 1-8 右图所示)而存在;第二种是高速、小容量的静态随机存取存储器(static RAM,SRAM),作为内存和处理器之间的缓存 (Cache)而存在;第三种是互补金属氧化物半导体存储器(CMOS)。

图 1-8

从主机的角度看，弥补内存功能不足的存储器被称为辅助存储器，又称为外部存储器或外存。这种存储器追求的目标是永久性存储及大容量，所以辅助存储器采用的是非易失性材料，例如硬盘(如图 1-9 所示)、光盘、磁带等。

图 1-9

目前，通用计算机上常见的辅助存储器——硬盘，大致分为机械硬盘(hard disk drive，HDD)、固态硬盘(solid state drive，SSD)和混合硬盘(hybrid hard drive，HHD)三种。其中，机械硬盘是计算机中最基本的存储设备，是一种由盘片、磁头、盘片转轴及控制电机、磁头控制器、数据转换器、缓存等部分组成的硬盘，它在工作时磁头可沿盘片的半径方向运动，加上盘片的高速旋转，磁头就可以定位在盘片的指定位置并进行数据的读写操作，如图 1-10 左图所示；固态硬盘由控制单元和存储单元(Flash 芯片、DRAM 芯片)组成，相比机械硬盘，数据的读写速度更快、功耗更低，但容量较小、寿命较短，并且价格更高，如图 1-10 中图所示；混合硬盘是一种既包含机械硬盘，又有闪存模块的大容量存储设备，相比机械硬盘和固态硬盘，数据存储与恢复速度更快、寿命更长，如图 1-10 右图所示。

图 1-10

(3) 输入设备。输入设备是指用来把数据和程序输入计算机中的设备。常用的输入设备包括键盘、鼠标、扫描仪、数码摄像头、数字化仪、触摸屏、麦克风等。其中，键盘是最常见、最重要的计算机输入设备。虽然如今鼠标和手写输入应用越来越广泛，但在文字输入领域，键盘依旧有着不可动摇的地位，是用户向计算机输入数据和控制计算机的基本工具，如图 1-11 左图所示。

(4) 输出设备。输出设备是指用来将计算机的处理结果或处理过程中的有关信息交付给用户的设备。常用的输出设备有显示器、打印机、绘图仪、音响等，其中显示器为计算机系统的基本设备，如图 1-11 左图所示。显示器通过主板上安装的显示适配卡(video adapter，简称显卡，如图 1-11 右图所示)与计算机相连接。显卡在工作时与显示器配合输出图形和文字，其作用是对计算机系统所需的显示信息进行转换驱动，并向显示器提供扫描信号，使信息显示正确。

图 1-11

3. 计算机的主要技术指标

目前，面向个人用户的微型计算机简称"微机"，其主要技术指标包括字长、主频、运算速度、存储容量、存储周期等。

(1) 字长：计算机在同一时间内处理的一组二进制数称为计算机的"字"，而这组二进制数的位数就是"字长"。当计算机的其他指标相同时，字长越大，计算机处理数据的速度也越快。

(2) 主频：主频是指 CPU 的内部时钟工作频率，代表 CPU 的运算速度，单位一般是 MHz、GHz。主频是 CPU 的重要性能指标，但不代表 CPU 的整体性能。一般来说，主频越高，速度越快。

(3) 运算速度：运算速度是指计算机每秒能执行的指令条数，单位为百万指令数每秒(MIPS)。运算速度比主频更能直观地反映计算机的数据处理速度。运算速度越快，性能越高。

(4) 存储容量：存储容量是衡量计算机能存储多少二进制数据的指标，包括内存容量和外存容量。内存容量越大，计算机能同时运行的程序就越多，处理能力越强，运算速度越快；外存容量越大，表明计算机存储数据的能力越强。

(5) 存取周期：存取周期是指内存储器完成一次完整的读操作或写操作所需的时间，即 CPU 从内存中存取一次数据的时间。它是影响整个计算机系统性能的主要指标之一。

此外，计算机还有其他一些重要的技术指标，包括可靠性、可维护性、可用性等，它们共同决定计算机系统的总体性能。

1.4.2 计算机软件系统

计算机仅有硬件系统是无法工作的，它还需要软件的支持。计算机软件系统包括两方面的能力，它们分别由系统软件和应用软件两类软件提供。

1. 系统软件

系统软件提供作为一台独立计算机而必须具备的基本能力，负责管理计算机系统中的各种独立硬件，让它们协调工作。系统软件使得计算机使用者和其他软件能将计算机当作整体而不需要顾及底层每个硬件如何工作。系统软件主要由操作系统和系统工具两大部分构成：操作系统通过驱动管理、文件系统、用户认证等核心模块实现硬件协调；系统工具则包含编译器、数据库管理系统、磁盘格式化工具等基础组件，为上层应用提供必要的运行支持。

2. 应用软件

应用软件提供操作系统之上的扩展能力，是为了某种特定用途而开发的软件。常见的应用软件有电子表格制作软件、文字处理软件、多媒体演示软件、网页浏览器、电子邮件收发软件等(本书后面的章节将详细介绍)。

1.5 计算机中数据的表示和存储

在计算机中，信息是以数据的形式表示和使用的，计算机能表示和处理的信息包括数值型数据、字符型数据及音频和视频数据，而这些信息在计算机内部都是以二进制的形式表示的。也就是说，二进制是计算机内部存储、处理数据的基本形式。计算机之所以能区别这些不同的信息，是因为它们采用了不同的编码规则。

1.5.1 常用数制

在实际应用中，需要计算机处理的信息是多种多样的，如各种进位制的数据、不同语种的文字符号和各种图像信息等，这些信息要在计算机中存储并表达，都需要转换成二进制数。了解这个表达和转换的过程，可以使我们掌握计算机的基本原理，并认识计算机各种外部设备的基本原理和作用。

在使用计算机时，二进制数最大的缺点是数字的书写特别冗长。例如，十进制数的 100000 写成二进制数为 11000011010100000。为了解决这个问题，我们在计算机的理论和应用中使用了两种辅助的进位制，即八进制和十六进制。二进制和八进制、二进制和十六进制之间的转换都比较简单。下面先介绍数制的基本概念，再介绍二进制、八进制、十进制、十六进制以及它们之间的转换方法。

1. 数制的基本概念

在计算机中，必须采用某种方式来对数据进行存储或表示，这种方式就是计算机中的数制。数制即进位计数制，是人们利用数字符号按进位原则进行数据大小计算的方法。在计算机的数制中，数码、基数和位权这 3 个概念是必须掌握的。下面简单地介绍这 3 个概念。

(1) 数码：数制中表示基本数值大小的不同数字符号。例如，十进制有 10 个数码，即 0、1、2、3、4、5、6、7、8、9。

(2) 基数：一个数值所使用数码的个数。例如，二进制的基数为 2，十进制的基数为 10。

(3) 位权：一个数值中某一位上的 1 所表示数值的大小。例如，对于十进制的 123 来说，1 的位权是 100，2 的位权是 10，3 的位权是 1。

2. 十进制数

十进制数的基数为 10，使用十个数字符号表示，即在每一位上只能使用 0、1、2、3、4、5、6、7、8、9 这十个符号中的一个，最小为 0，最大为 9。十进制数采用"逢十进一"的进位方法。一个完整的十进制数的值可以由每位所表示的值相加而成，位权为 10^i ($i=-m\sim n$，m 和 n 为自然数)。例如，十进制数 9801.37 可以用以下形式表示。

$$(9801.37)_{10}=9\times10^3+8\times10^2+0\times10^1+1\times10^0+3\times10^{-1}+7\times10^{-2}$$

3. 二进制数

二进制数的基数为 2，使用两个数字符号表示，即在每一位上只能使用 0、1 两个符号中的一个，最小为 0，最大为 1。二进制数采用"逢二进一"的进位方法。

一个完整的二进制数的值可以由每位所表示的值相加而成，位权为 2^i ($i=-m\sim n$，m 和 n 为自然数)。例如，二进制数 110.11 可以用以下形式表示。

$$(110.11)_2=1\times2^2+1\times2^1+0\times2^0+1\times2^{-1}+1\times2^{-2}$$

4. 八进制数

八进制数的基数为 8，使用八个数字符号表示，即在每一位上只能使用 0、1、2、3、4、5、6、7 这八个符号中的一个，最小为 0，最大为 7。八进制数采用"逢八进一"的进位方法。

一个完整的八进制数的值可以由每位所表示的值相加而成，位权为 8^i ($i=-m\sim n$，m 和 n 为自然数)。例如，八进制数 3701.61 可以用以下形式表示。

$$(3701.61)_8=3\times8^3+7\times8^2+0\times8^1+1\times8^0+6\times8^{-1}+1\times8^{-2}$$

5. 十六进制数

十六进制数的基数为 16，使用 16 个数字符号表示，即在每一位上只能使用 0、1、2、3、4、5、6、7、8、9、A、B、C、D、E、F 这十六个符号中的一个，最小为 0，最大为 F。其中 A、B、C、D、E、F 分别对应十进制的 10、11、12、13、14、15。十六进制数采用"逢十六进一"的进位方法。

一个完整的十六进制数的值可以由每位所表示的值相加而成，位权为 16^i ($i=-m\sim n$，m 和 n 为自然数)。例如，十六进制数 70D.2A 可以用以下形式表示。

$$(70D.2A)_{16}=7\times16^2+0\times16^1+13\times16^0+2\times16^{-1}+10\times16^{-2}$$

表 1-1 给出了以上 4 种进制数以及具有普遍意义的 r 进制数的表示方法。

表 1-1 不同进制数的表示方法

数 制	基 数	位 权	进位规则
十进制	10(0~9)	10^i	逢十进一
二进制	2(0 和 1)	2^i	逢二进一
八进制	8(0~7)	8^i	逢八进一
十六进制	16(0~9、A~F)	16^i	逢十六进一
r 进制	r	r^i	逢 r 进一

在直接使用计算机内部的二进制数或编码进行交流时，冗长的数字和简单重复的 0 和 1 既烦琐又容易出错。十六进制和二进制的关系是 $2^4=16$，这表示一位十六进制数可以表达四位二进制数，从而降低了计算机中二进制数的书写长度。二进制和八进制、二进制和十六进制之间的换算也非常直接、简便，避免了数字冗长带来的不便，所以八进制和十六进制已成为人机交流中常用的记数法。表 1-2 列举了 4 种进制数的编码以及它们之间的对应关系。

表 1-2 不同进制数的表示方法

十进制	二进制	八进制	十六进制
0	0	0	0
1	1	1	1
2	10	2	2
3	11	3	3
4	100	4	4
5	101	5	5
6	110	6	6
7	111	7	7
8	1000	10	8
9	1001	11	9
10	1010	12	A
11	1011	13	B
12	1100	14	C
13	1101	15	D
14	1110	16	E
15	1111	17	F

1.5.2 进制间的转换

为了便于书写和阅读，用户在编程时通常会使用十进制、八进制、十六进制来表示一个数。但在计算机内部，程序与数据都采用二进制来存储和处理，因此不同进制的数之间常常需要相互转换。不同进制之间的转换工作由计算机自动完成，但熟悉并掌握进制间的转换原理有利于我们了解计算机。常用进制间的转换关系如图 1-12 所示。

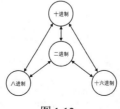

图 1-12

1. 二进制数与十进制数转换

在二进制数与十进制数的转换过程中，需要频繁地计算 2 的整数次幂。表 1-3 展示了 2 的整数次幂与十进制数值的对应关系。

表 1-3　2 的整数次幂与十进制数值的对应关系

2^n	2^9	2^8	2^7	2^6	2^5	2^4	2^3	2^2	2^1	2^0
十进制数值	512	256	128	64	32	16	8	4	2	1

表 1-4 展示了二进制数与十进制小数的对应关系。

表 1-4　二进制数与十进制小数的对应关系

2^n	2^{-1}	2^{-2}	2^{-3}	2^{-4}	2^{-5}	2^{-6}	2^{-7}	2^{-8}
十进制分数	1/2	1/4	1/8	1/16	1/32	1/64	1/128	1/256
十进制小数	0.5	0.25	0.125	0.0625	0.03125	0.015625	0.0078125	0.00390625

在将二进制数转换成十进制数时，可以采用按位权相加的方法，这种方法会按照十进制数的运算规则，将二进制数各个位上的数码乘以对应的位权，之后再累加起来。

将二进制数$(1101.101)_2$按位权展开转换成十进制数的运算过程如表 1-5 所示。

表 1-5　将二进制数按位权展开转换成十进制数的运算过程

二进制数	1	1	0	1	1	0	1	
位权	2^3	2^2	2^1	2^0	2^{-1}	2^{-2}	2^{-3}	
十进制数值	8　+	4　+	0　+	1　+	0.5　+	0　+	0.125	=13.625

下面参照表 1-5，将$(1101.1)_2$转换为十进制数。

$$(1101.1)_2 = 1 \times 2^3 + 1 \times 2^2 + 0 \times 2^1 + 1 \times 2^0 + 1 \times 2^{-1}$$

$$= 8 + 4 + 0 + 1 + 0.5$$

$$= 13.5$$

2. 十进制数与二进制数转换

在将十进制数转换为二进制数时，整数部分与小数部分必须分开转换。整数部分采用除 2 取余法，也就是将十进制数的整数部分反复除以 2，如果相除后余数为 1，那么对应的二进制数位为 1；如果余数为 0，那么对应的二进制数位为 0；逐次相除，直到商小于 2 为止。注意，第一次除法得到的余数为二进制数的低位(第 K_0 位)，最后一次除法得到的余数为二进制数的高位(第 K_n 位)。

小数部分采用乘 2 取整法，也就是将十进制数的小数部分反复乘以 2；每次乘以 2 之后，如果积的整数部分为 1，那么对应的二进制数位为 1，然后减去整数 1，对余数部分继续乘以 2；如果积的整数部分为 0，那么对应的二进制数位为 0；逐次相乘，直到乘以 2 后小数部分等于 0 为止。如果小数部分一直不为 0，根据数值的精度要求截取一定位数即可。

下面以将十进制数 18.8125 转换为二进制数为例。对整数部分除 2 取余，将余数作为二进制数，从低到高排列；对小数部分乘 2 取整，将积的整数部分作为二进制数，从高到低排列。竖式运算过程如图 1-13 所示。运算结果为 $(18.8125)_{10}=(10010.1101)_2$。

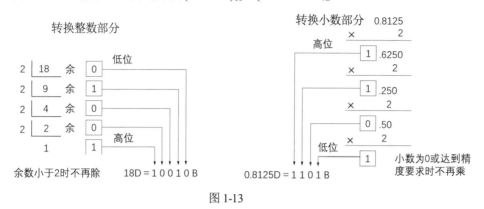

图 1-13

3. 二进制数与十六进制数转换

对于二进制整数，自右向左每 4 位分为一组，当整数部分不足 4 位时，在整数前面加 0 补足 4 位，每 4 位对应一位十六进制数；对于二进制小数，自左向右每 4 位分为一组，当小数部分不足 4 位时，在小数后面(最右边)加 0 补足 4 位；然后每 4 位二进制数对应 1 位十六进制数，即可得到十六进制数。

下面将二进制数 111101.010111 转换为十六进制数。

$(111101.010111)_2=(00111101.01011100)_2=(3D.5C)_{16}$，转换过程如图 1-14 所示。

4. 十六进制数与二进制数转换

将十六进制数转换成二进制数非常简单，只需要以小数点为界，向左或向右将每一位十六进制数用相应的四位二进制数表示，然后将它们连在一起即可完成转换。

下面将十六进制数 4B.61 转换为二进制数。

$(4B.61)_{16}=(01001011.01100001)_2$，转换过程如图 1-15 所示。

0011	1101	0101	1100
3	D	5	C

图 1-14

4	B	6	1
0100	1011	0110	0001

图 1-15

1.5.3 二进制数的表示

人们在日常生活中接触到的数据类型包括数值、字符、图形图像、视频、音频等多种形式，总体上可分为数值型数据和非数值型数据两大类。由于计算机采用二进制编码方式工作，因此在使用计算机存储、传输和处理上述各类数据之前，必须解决用二进制序列表示各类数据的问题。

在计算机中，所有的数值型数据都用一串 0 和 1 的二进制编码来表示。这串二进制编码被称为数据的"机器数"，数据原来的表示形式称为"真值"。根据是否带有小数点，数值型数据分为整数和实数。对于整数，按照是否带有符号，分为带符号整数和不带符号整数；对于实数，根据小数点的位置是否固定，分为定点数和浮点数。数值型数据的分类如图1-16所示。

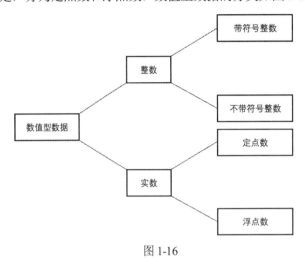

图 1-16

1. 整数的计算机表示

如果二进制数的全部有效位都用于表示数的绝对值，即没有符号位，那么使用这种方法表示的数叫作不带符号整数。但在大多数情况下，一个数往往既包括表示数的绝对值部分，又包括表示数的符号部分，使用这种方法表示的数叫作带符号整数。在计算机中，我们总是用数的最高位(左边第一位)来表示数的符号，并约定以0代表正数，以1代表负数。

为了区分符号和数值，同时为了便于计算，需要对带符号整数进行合理编码。常用的编码形式有以下3种。

(1) 原码。原码表示法简单易懂，分别用0和1代替数的正号和负号，并置于最高有效位，绝对值部分置于右端，中间若有空位，就填上0。例如，如果机器字长为8位，那么十进制数15和-7的原码表示如下。

$$[15]_{原}＝00001111$$

$$[-7]_{原}＝10000111$$

这里应注意以下几点：
▽ 用原码表示数时，n位(含符号位)二进制数所能表示的数值范围是 $-(2^{n-1}-1) \sim (2^{n-1}-1)$；
▽ 原码表示法直接明了，而且与其所表示的数值之间转换方便，但进行减法运算不便；
▽ 0的原码表示不唯一，正0为00000000，负0为10000000。

(2) 反码。正数的反码表示与其原码表示相同，负数的反码表示则需要把原码表示中除符号位外的其他各位取反，即1变为0，0变为1。

$$[15]_{反}＝00001111$$

$$[-7]_{反}＝11111000$$

这里应注意以下几点:

▽ 用反码表示数时,n 位(含符号位)二进制数所能表示的数值范围与原码一样,也是 $-(2^{n-1}-1) \sim (2^{n-1}-1)$;

▽ 反码也不便进行减法运算;

▽ 0 的反码表示不唯一,正 0 为 00000000,负 0 为 11111111。

(3) 补码。正数的补码表示与其原码表示相同,负数的补码表示则需要把原码表示中除符号位外的其他各位取反后,对末位加 1。

$$[15]_{补} = 00001111$$

$$[-7]_{补} = 11111001$$

这里应注意以下几点:

▽ 用补码表示数时,n 位(含符号位)二进制数所能表示的数值范围是 $-(2^{n-1}-1) \sim (2^{n-1}-1)$;

▽ 补码不像原码那样直接明了,很难直接看出真值;

▽ 0 的补码表示是唯一的,为 00000000(对于某数,如果对其补码再求补码,那么可以得到该数的原码)。

由以上三种编码规则可见,原码表示法简单易懂,但其最大缺点是加减法运算复杂。这是因为当两数相加时,如果它们同号,将数值相加即可;如果它们异号,那么需要进行减法运算。但在进行减法运算时,需要比较绝对值的大小,然后用大数减去小数,最后还要为结果选择符号。为了解决这些矛盾,人们找到了补码表示法。反码的主要作用是求补码,而补码可以把减法运算转换成加法运算,这使得计算机中的二进制运算变得非常简单。

2. 实数的计算机表示

在自然描述中,人们把小数问题用"."表示,如 1.5。但对于计算机而言,除 1 和 0 外没有别的形式,而且计算机中的"位"非常珍贵,所以对于小数点位置的表示采取的是"隐含"方案。这个隐含的小数点位置可以是固定的或可变的,前者称为定点数(fixed-point-number),后者称为浮点数(float-point-number)。

(1) 定点数表示法又分为定点小数表示法和定点整数表示法。

▽ 定点小数表示法:将小数点的位置固定在最高数据位的左边,如图 1-17 所示。定点小数能表示所有数都小于 1 的纯小数。因此,使用定点小数时,要求参与运算的所有操作数、运算过程中产生的中间结果和最后运算结果,其绝对值均应小于 1;如果出现大于或等于 1 的情况,定点小数就无法正确地表示出来,这种情况称为"溢出"。

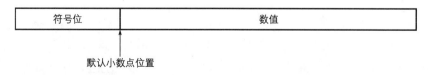

图 1-17

- 定点整数表示法：将小数点的位置固定在最低有效位的右边，如图 1-18 所示。对于二进制定点整数来说，所能表示的所有数都是整数。

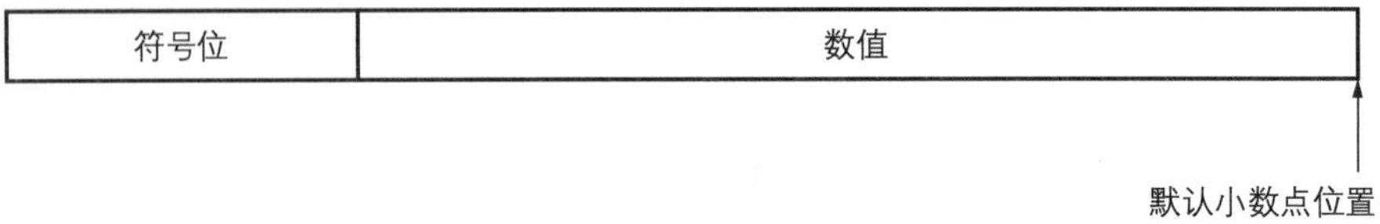

符号位	数值

默认小数点位置

图 1-18

由此可见，定点数表示法具有直观、简单、节省硬件等特点，但所能表示的数的范围较小，缺乏灵活性。我们现在已经很少使用定点数表示法了。

(2) 浮点数表示法。实数是既有整数又有小数的数，实数有很多种表示方法，如 3.1415926 可以表示为 0.31415926×10、0.031415926×10^2、31.1415926×10^{-1} 等。在计算机中，如何表示 10^n？解决方案是：一个实数总可以表示成一个纯小数和一个幂的积(纯小数可以看作实数的特例)，如 $123.45=0.12345\times10^3=0.012345\times10^4=12345\times10^{-2}=\cdots$。

由上式可见，在十进制中，一个数的小数点的位置可以通过乘以 10 的幂次来调整。二进制也可以采用类似的方法，如 $0.01001=0.1001\times2^{-1}=0.001001\times2^1$。也就是说，在二进制中，一个数的小数点位置可以通过乘以 2 的幂次来调整，这就是浮点数表示法的基本原理。

假设有任意一个二进制数 N 可以写成 $M\cdot2^E$。式中，M 称为数 N 的尾数，E 称为数 N 的阶码。由于在浮点数中用阶表示小数点实际的位置，因此同一个数可以有多种浮点表示形式。为了使浮点数有一种标准表示形式，也为了使数的有效数字尽可能多地占据尾数部分，以提高数的表示精确度，规定非零浮点数的尾数最高位必须是 1，这种形式称为浮点数的规格化形式。

在计算机中，M 通常都用定点小数形式表示，阶码 E 通常都用整数表示，并且都有一位用来表示正负。浮点数的一般表示形式如图 1-19 所示。

阶符	阶码	数符	尾数

图 1-19

阶码和尾数可以采用原码、补码或其他编码方式表示。在计算机中，浮点数的字长通常为 32 位，其中 7 位为阶码，1 位为阶符，23 位为尾数，1 位为数符。

当在计算机中按规格化形式存放浮点数时，阶码的存储位数决定了可表达数值的范围，尾数的存储位数决定了可表达数值的精度。对于相同的位数，浮点数表示法所能表示的数值范围要比定点数表示法大得多。目前的计算机大都采用浮点数表示法，因此也被称为浮点机。

3. 文本的表示

文本由一系列字符组成。为了表示文本，必须先对每个可能出现的字符进行表示并存储在计算机中。同时，计算机中能够存储和处理的只能是用二进制表示的信息，因此每个字符都需要进行二进制编码，称为内码。计算机最早用于处理英文，使用 ASCII(american standard code for information interchange，美国信息交换标准代码)码来表示字符；后来也用于处理中文和其他文字。

由于字符多且内码表示方式不尽相同,为了统一,便出现了 Unicode 码,其中包括世界上出现的各种文字符号。

(1) ASCII 码。目前,国际上使用的字母、数字和符号的信息、编码系统种类很多,但使用最广泛的是 ASCII 码。ASCII 码最开始时是美国国家信息交换标准字符码,后来被采纳为一种国际通用的信息交换标准代码。

ASCII 码共有 128 个元素,其中包括 32 个通用控制字符、10 个十进制数码、52 个英文大小写字母和 34 个专用符号。因为 ASCII 码共有 128 个元素,所以在进行二进制编码表示时需要用 7 位。ASCII 码中的任意一个元素都可以由 7 位的二进制数 $D_6D_5D_4D_3D_2D_1D_0$ 表示,从 0000000 到 1111111 共 128 种编码,可用来表示 128 个不同的字符。ASCII 码是 7 位编码,但由于字节(8 位)是计算机中的常用单位,因此仍以 1 字节来存放一个 ASCII 字符,在每一字节中,多余的最高位 D_6 取 0。表 1-6 为 7 位 ASCII 编码表(省略了恒为 0 的最高位 D_7)。

表 1-6 7 位 ASCII 编码表

$D_3D_2D_1D_0$	$D_6D_5D_4$							
	000	001	010	011	100	101	110	111
0000	NUL	DLE	SP	0	@	P	`	p
0001	SOH	DC1	!	1	A	Q	a	q
0010	STX	DC2	"	2	B	R	b	r
0011	ETX	DC3	#	3	C	S	c	s
0100	EOT	DC4	$	4	D	T	d	t
0101	ENQ	NAK	%	5	E	U	e	u
0110	ACK	SYN	&	6	F	V	f	v
0111	BEL	ETB	'	7	G	W	g	w
1000	BS	CAN	(	8	H	X	h	x
1001	HT	EM	)	9	I	Y	i	y
1010	LF	SUB	*	:	J	Z	j	z
1011	VT	ESC	+	;	K	[	k	{
1100	FF	FS	,	<	L	\	l	|
1101	CR	GS	-	=	M	]	m	}
1110	SO	RS	.	>	N	^	n	~
1111	SI	US	/	?	O	_	o	DEL

为了确定某个字符的 ASCII 码,需要首先在表 1-6 中找到它的位置,然后确定它所在位置相

应的列和行，最后根据列确定高位码($D_6D_5D_4$)，根据行确定低位码($D_3D_2D_1D_0$)，把高位码与低位码合在一起，就是该字符的 ASCII 码(高位码在前，低位码在后)。例如，字母 A 的 ASCII 码是1000001，符号＋的 ASCII 码是 0101011。

ASCII 码的特点如下。

▽ 编码值 0～31(0000000～0011111)不对应任何可印刷字符，通常为控制符，用于计算机通信中的通信控制或对设备的功能控制；编码值 32(0100000)是空格字符，编码值 127(1111111)是删除控制码；其余 94 个字符为可印刷字符。

▽ 0～9 这 10 个数字字符的高 3 位编码为 011，低 4 位编码为 0000～1001。当去掉高 3 位的编码值时，低 4 位正好是二进制形式的 0～9。这既满足了正常的排序关系，又有利于完成 ASCII 码与二进制码之间的转换。

▽ 英文字母的编码是正常的字母排序关系，并且大小写英文字母编码的对应关系相当简便，差别仅表现在 D_5 位的值为 0 或 1，这十分有利于大小写字母之间的编码转换。

(2) Unicode 码。常用的 7 位二进制编码形式的 ASCII 码只能表示 128 个不同的字符，扩展后的 ASCII 字符集也只能表示 256 个字符，无法表示除英语外的其他文字符号。为此，硬件和软件制造商联合设计了一种名为 Unicode 的编码。Unicode 码有 32 位，能表示最多 2^{32}＝4 294 967 296 个符号；Unicode 码的不同部分被分配用于表示世界上不同语言的符号，还有些部分被用于表示图形和特殊符号。

Unicode 字符集广受欢迎，已被许多程序设计语言和计算机系统普遍采用。为了与 ASCII 字符集保持一致，Unicode 字符集被设计为 ASCII 字符集的超集，即 Unicode 字符集的前 256 个字符与扩展的 ASCII 字符集完全相同。

(3) 汉字编码。为了在计算机内部表示汉字以及使用计算机处理汉字，同样要对汉字进行编码。计算机对汉字的处理要比处理英文字符复杂得多，这会涉及汉字的一些编码以及编码间的转换。这些编码包括汉字信息交换码、汉字机内码、汉字输入码、汉字字形码和汉字地址码等。

▽ 汉字信息交换码：用于在汉字信息处理系统与通信系统之间进行信息交换的汉字代码，简称交换码，也称作国标码。汉字信息交换码直接把第 1 字节和第 2 字节编码拼接起来，通常用十六进制表示，只要在一个汉字的区码和位码上分别加上十六进制数 20H，即可构成该汉字的国标码。例如，汉字"啊"的区位码为 1601D，位于 16 区 01 位，对应的国标码为 3021H(其中，D 表示十进制数，H 表示十六进制数)。

▽ 汉字机内码：为了在计算机内部对汉字进行存储、处理而设置的汉字编码，也称内码。一个汉字在输入计算机后，需要首先转换为汉字机内码，然后才能在机器内传输、存储、处理。汉字机内码的形式也有多种。目前，对应于国标码，一个汉字的机内码也用 2 字节来存储，并把每字节的最高二进制位置为 1，作为汉字机内码的标识，以免与单字节的 ASCII 码产生歧义。也就是说，在国标码的 2 字节中，只要将每字节的最高位置为 1，即可将其转换为汉字机内码。

- 汉字输入码：为了将汉字输入计算机而编制的代码称为汉字输入码，也叫外码。目前，汉字主要经标准键盘输入计算机，所以汉字输入码都由键盘上的字符或数字组合而成。流行的汉字输入码编码方案有多种，但总体来说分为音码、形码和音形码三大类。音码是根据汉字的发音进行编码的，如全拼输入法；形码是根据汉字的字形结构进行编码的，如五笔字型输入法；音形码则结合了音码和形码，如自然输入法。

- 汉字字形码：又称汉字字模，用于向显示器或打印机输出汉字。汉字字形码通常有点阵和矢量两种表示方式。用点阵表示字形时，汉字字形码指的就是这个汉字字形点阵的代码。根据输出汉字的要求不同，点阵的多少也不同。简易型汉字为 16×16 点阵，提高型汉字为 24×24 点阵、32×32 点阵、48×48 点阵等。点阵规模越大，字形越清晰、美观，所占存储空间越大。

- 汉字地址码：每个汉字字形码在汉字字库中的相对位移地址称为汉字地址码，即汉字字形信息在汉字字库中存放的首地址。每个汉字在字库中都占有固定大小的连续区域，其首地址即该汉字的地址码。输入汉字时，必须通过地址码，才能在汉字字库中找到所需的字形码，最终在输出设备上形成可见的汉字字形。

4. 图像的表示

图像是由输入设备捕捉的实际场景，或是以数字化形式存储的任意画面，如照片。随着信息技术的发展，越来越多的图像信息需要用计算机来存储和处理。

(1) 像素。照片是由模拟数据组成的模拟图像，其表面色彩是连续的，且由多种颜色混合而成。数字化图像是指将图像按行和列的方式均匀地划分为若干小格，每个小格称为一个像素，一幅图像的尺寸可用像素点来衡量，如图 1-20 所示。

图像中像素点的个数称为分辨率，用"水平像素点数×垂直像素点数"来表示。图像的分辨率越高，构成图像的像素点越多，能表示的细节就越多，图像越清晰；反之，分辨率越低，图像越模糊。

存储图像在本质上就是存储图像中每个像素点的信息。根据色彩信息，可将图像分为彩色图像、灰度图像和黑白图像。

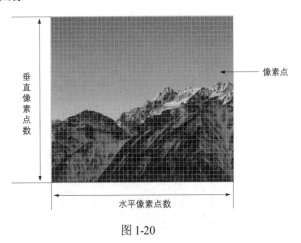

图 1-20

(2) 彩色图像。彩色图像的每个像素由红、绿、蓝三色(也称 RGB)组成。我们需要使用 3 个矩阵才能表示每个彩色分量的亮度值，如图 1-21 所示。真彩色的颜色深度为 24 位，换言之，RGB 中的每个分量都用 8 位表示。

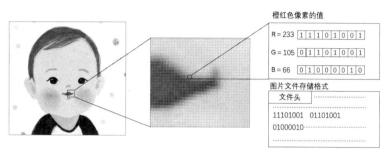

图 1-21

(3) 灰度图像。灰度图像的每个像素点只有一个灰度分量，通常用 8 位表示。灰度共有 256 个级别(0~255)。其中，255 是最高灰度级，呈现最亮的像素；0 是最低灰度级，呈现最暗的像素。

(4) 黑白图像。黑白图像的每个像素仅表示黑或白，通常使用一个二进制位(0 或 1)来存储每个像素。0 表示黑，1 表示白。有时为了处理方便，我们仍然采用每个像素点 8 位的方式来存储黑白图像。

5. 音频的表示

在计算机中，数值和字符都需要转换成二进制数来存储和处理。同样，声音、图形、视频等信息也需要转换成二进制数后，计算机才能存储和处理。将模拟信号转换成二进制数的过程称为数字化处理。

声音是连续变化的模拟量。例如，对着话筒讲话时(如图 1-21(a)所示)，话筒会根据周围空气压力的不同变化，输出连续变化的电压值。这种变化的电压值是对声音的模拟，称为模拟音频(如图 1-22(b)所示)。为了使计算机能存储和处理声音信号，就必须将模拟音频数字化。

(1) 采样。任何连续信号都可以表示成离散值的符号序列，存储在数字系统中。因此，模拟信号在转换成数字信号时必须经过采样过程。采样过程是指在固定的时间间隔内，对模拟信号截取一个振幅值(如图 1-22(c)所示)，并用定长的二进制数表示，然后将连续的模拟音频信号转换成离散的数字音频信号。截取模拟信号振幅值的操作就被称为采样，得到的振幅值为采样值。单位时间内采样次数越多(采样频率越高)，数字信号就越接近原声。

奈奎斯特(Nyquist)采样定理指出：当模拟信号的离散化采样频率达到信号最高频率的两倍时，就可以无失真地恢复原始信号。人耳的听力范围为 20 Hz~20 kHz。只要声音的采样频率达到 40 kHz(每秒采集 4 万个数据)就可以满足要求，所以声卡的采样频率一般为 44.1 kHz 或更高。

(2) 量化。量化是将信号样本值截取为最接近原始信号的整数值的过程。例如，如果采样值是 16.2，就量化为 16；如果采样值是 16.7，就量化为 17。音频信号的量化精度(也称为采样位数)一般用二进制位来衡量，例如，当声卡的量化位数为 16 位时，有 2^{16}=65 536 种量化等级(如图 1-21(d)所示)。目前声卡大多为 24 位或 32 位量化精度(采样位数)。

在对音频信号进行采样和量化时,一些系统的信号样本全部在正值区间(如图 1-22(b)所示),编码时采用无符号数存储;还有一些系统的样本有正值、0、负值(如正弦曲线),编码时用样本值最左边的位表示采样区间的正负符号,用其余位表示样本绝对值。

(3) 编码。如果采样速率为 S,量化精度为 B,那么它们的乘积为位率。例如,当采样速率为 40 kHz、量化精度为 16 位时,位率=40 000×16=640 kb/s。位率是信号采集的重要性能指标,如果位率过低,就会出现数据丢失的情况。

进行完数据采集后,我们便得到了一大批原始音频数据,对这些数据进行压缩编码,再加上音频文件格式的头部,得到的就是数字音频文件(如图 1-22(e)所示)。这项工作可由声卡和音频处理软件(如 Adobe Audition)共同完成。

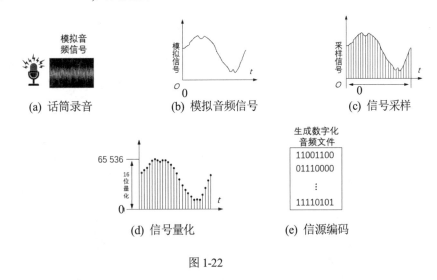

图 1-22

6. 视频的表示

视频是图像在时间上的表示,称为帧。一部电影就是由一系列的帧一张接一张地播放而形成的运动图像,也就是说,视频是随空间(单个图像)和时间(一系列图像)变化的信息表现。因此,在计算机中将每一幅图像或帧转换为一系列的位模式并存储,再将这些图像组合起来,得到的便是视频。视频通常被压缩存储。MPEG 是一种常用的视频压缩技术。

1.5.4 数据的存储

在现代计算机中,信息是被编码成 0 和 1 的数字,这些数字被称为"位"(binary digits,bit)。位是表示信息的唯一符号,其具体含义取决于当前的应用,有时位模式表示数值,有时表示字符表里的字符和标点,有时表示图像,有时表示声音。

1. 主存储器

为了存储数据,计算机中有大量的电路(如触发器),其中的每一个都可以存储一位。这种位存储器被称作计算机的主存储器。

(1) 存储器结构。计算机的主存储器是通过一种名为存储单元(cell)的可管理单位组织起来的,一个典型的存储单元可以存储8位(8位便是1字节,因此一个典型的存储单元有1字节的容量)。家庭设备(如电冰箱、空调)中嵌入的小型计算机的主存可能只有几百个存储单元,但是大型计算机的主存储器可能有数十亿个存储单元。

虽然计算机中没有左右的概念,但我们通常还是会将存储单元中的位想象成排成一行。一行的左端称为高位端(high-order end),右端称为低位端(low-order end)。最左边的一位称为高位或最高有效位(most significant bit)。采用这种叫法是因为:如果把存储单元的内容解释为数值,那么这一位会是那个数值中最高的有效数字。相应地,最右边的一位称为低位或最低有效位(least significant bit)。因此,我们可以使用图1-23所示的形式来表示字节型存储单元。

为了有效识别出计算机主存中的每个存储单元,每个存储单元都有独一无二的"名字",也就是地址(address)。这类似于在一座城市里通过地址来确定房子的位置,只不过存储单元的地址全部由数字组成。更准确地说,如果把所有的存储单元都看成排成一行,并按照这个顺序从0开始编号,那么这样的地址系统不仅让我们能够单独识别出每个存储单元,而且还赋予了存储单元顺序的概念(如图1-24所示)。

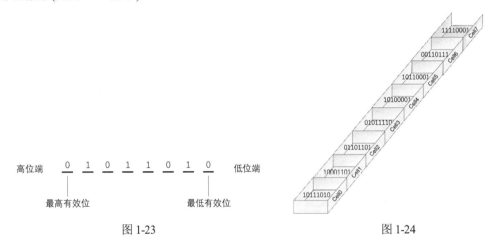

图1-23　　　　　　　　　　　　　　图1-24

为存储单元及存储单元中的每一位编码后的重要结果是:一台计算机主存储器中的所有位在本质上都可以看成有序的一长行,因此这个长行的片段就可以存储比单个存储单元更长的位模式。具体来说,只需要使用两个连续的存储单元,就可以存储长度为16的位模式。

为了实现计算机的主存储器,实际存储位的电路需要和其他电路组合在一起,这些电路允许其他电路从存储单元中存取数据。这样其他电路就可以询问某一地址的内容以获得数据(称为"读"操作),或者要求将某个位模式存储到特定地址以记录数据(称为"写"操作)。

因为计算机的主存储器由单个有地址的存储单元组成,所以这些存储单元可以根据请求被相互独立地访问。为了体现这种存储单元可以使用任何顺序来访问的能力,计算机的主存储器通常叫作随机存取存储器(random access memory,RAM)。

(2) 存储器容量。存储器容量以字节数来度量,经常使用的度量单位有KB、MB和GB,其中B代表字节。各度量单位可用字节表示为:

$1\text{ KB}=2^{10}\text{B}=1024\text{ B}$

$1\text{ MB}=2^{10}\times 2^{10}\text{B}=1024\times 1024\text{ B}$

$1\text{ GB}=2^{10}\times 2^{10}\times 2^{10}\text{B}=1024\text{ MB}=1024\times 1024\text{ KB}=1024\times 1024\times 1024\text{ B}$

例如，假设一台计算机的内存标注为 2 GB，那么实际可存储的内存字节数为 $2\times 1024\times 1024\times 1024$。

2. 辅助存储器

由于主存储器存在不稳定性且容量有限，因此大部分计算机会使用额外的存储设备(辅助存储器)，包括磁盘、光盘、磁带等。辅助存储器与主存储器相比的优点是稳定性好、容量大、价格低，并且在很多情况下可以从计算机中方便地取出，以便归档整理数据。

(1) 磁存储器。磁存储器很多年以来一直是主流的计算机辅助存储器，最常见的例子就是现在计算机中仍在使用的磁盘。磁盘的内部是一些旋转的薄盘片，上面有一层用于存储数据的介质，如图 1-25 所示。

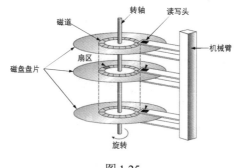

图 1-25

磁盘盘片的上面和下面有读写头，当磁盘盘片旋转时，读写头相对于磁道运动。重新调整读写头的位置，就可以访问其他同心磁道。在很多情况下，磁盘存储系统会包括若干同轴盘片，这些盘片层叠在一起，中间有足够的空间以允许读写头滑动。在这种情况下，所有读写头一致地运动。因此，每当读写头移到新的位置时，就可以访问一组新的磁道。

由于一个磁道包含的信息通常比我们需要一次操作的信息多，因此每个磁道都被划分为若干被称为扇区的小弧形，上面则以连续的二进制位串形式记录信息。在一个磁盘上，所有的扇区都包含相同的位数(典型容量介于 512 字节和几千字节之间)，而且在最简单的磁盘存储系统中，每一条磁道都有相同数目的扇区。靠近磁盘外边缘磁道的存储密度比靠近中心的磁道低，这是由于传统设计中所有磁道的扇区数相同，而外圈磁道周长更长。相比之下，在大容量磁盘存储系统中，通过区位记录技术，外区磁道划分了更多扇区，使得存储密度得到优化。磁盘存储系统包括大量独立的扇区，每一个扇区又可以作为独立的数据块单独访问。

磁盘存储系统的容量取决于盘片数量以及盘片上每一条磁道的扇区密度。容量低的磁盘存储系统可能只有一个盘片，而存储容量高达 GB 级甚至 TB 级的磁盘存储系统可能会在一个公共轴上安装多个盘片。此外，数据既可以存储在每个盘片的上表面，也可以存储在下表面。

以下几个指标可以用来评判磁盘存储系统的性能。

▽ 寻道时间：将读写头从一条磁道移到另一条磁道所需的时间。

▽ 旋转延迟或等待时间：磁盘完成一周完整旋转所需时间的一半，这是读写头在移到指定磁道后，等待盘片旋转到存取所需数据位置的平均用时。

▽ 存取时间：寻道时间与旋转延迟的时间总和。

▽ 传输速率：从磁盘读取或向磁盘写入的速度。

由于磁盘存储系统在执行操作时需要物理运动，因此其速度比不上电子电路。电子电路内的延迟时间以 ns(十亿分之一秒)甚至更小的时间为单位，而磁盘存储系统的寻道时间、延迟时间和存取时间是以 ms(一千分之一秒)为度量单位的。因此，与电子电路所需的等待时间相比，磁盘存储系统在获取信息时需要的时间相对较长。

除磁盘外，还有一些磁存储技术，如磁带。磁带中的信息存储在很薄的塑料带基的磁图层上，而塑料带则缠绕着磁带中的卷轴。磁带需要极长的寻道时间，但是因为成本低廉、存储容量大，所以经常用于存档数据备份。

(2) 光存储器。除磁存储器外，还有一种辅助存储器，如光盘(compact disk，CD)。此类盘片的直径大约 12 cm，由光洁的保护图层覆盖着反射材料制成，通过在反射层上制造偏差来记录信息，再通过激光束检测旋转的盘片表面上不规则的偏差来读取数据。目前，光存储器已经不再使用。

3. 微型计算机的多级存储体系

依据存储程序原理，计算机中运行的程序都存储于存储器上，供运算器在需要的时候访问。计算机的存储系统总希望做到存储容量大而存取速度快、价格低，但这三者之间正好是矛盾的，例如存储器的速度越快，价格就越高；存储器的容量越大，速度就越慢等。因此，仅仅采用一种技术组成单一的存储器是不可能满足这些要求的。随着计算机技术的不断发展，可以把几种存储技术结合起来构成多级存储体系，比如将存储实体由上而下分为 4 层，分别为微处理器存储层、高速缓冲存储层、主存储器层和外存储器层，如图 1-26 所示。

(1) 微处理器存储层。所谓微处理器，就是将 CPU(运算器、控制器)以及一些需要的电路集成在一块半导体芯片上。微处理器存储层是多级存储体系的第一层，由 CPU 内部的通用寄存器组、指令与数据缓冲栈来实现。由于寄存器存在于 CPU 内部，因此速度比磁盘要快百万倍以上。一些运算可以直接在 CPU 的通用寄存器中进行，这样就减少了 CPU 与内存之间的数据交换。但通用寄存器的数量非常有限，一般只有几个到几百个，不可能承担更多的数据存储任务，仅可用于存储使用最频繁的数据。

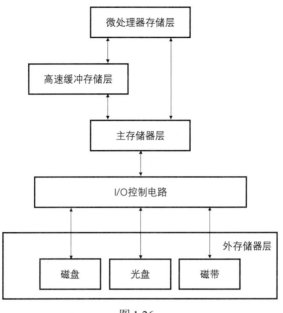

图 1-26

  (2) 高速缓冲存储层。高速缓冲存储层是多级存储体系的第二层，设置在微处理器和内存之间。高速缓冲存储器(Cache)由静态随机存储器(SRAM)组成，通常集成在 CPU 芯片内部，容量比内存小得多，但速度比内存高得多，接近于 CPU 的速度。

  Cache 的使用依据是程序局部性原理：由于正在使用的内存单元邻近的那些单元将被用到的可能性很大，因此当 CPU 存取内存中的某一单元时，计算机会自动地将包括该单元在内的那一组单元调入 Cache；对于 CPU 即将存取的数据，计算机会首先从 Cache 中查找，如果找到了，就不必再访问内存，从而有效提高了计算机的工作效率。

  (3) 主存储器层。在多级存储器体系中，主存储器(内存)属于第三层存储，它是 CPU 可以直接访问的、唯一的大容量存储区域。任何程序或数据要为 CPU 使用，就必须先放到内存中。即便是 Cache，其中的信息也来自内存。所以，内存的速度在很大程度上决定了系统的运行速度。

  (4) 外存储器层。由于内存的容量非常有限，因此必须通过辅助存储设备提供大量的存储空间，这就是存储体系中不可缺少的外存储器。外存储器包括磁盘、光盘、磁带等，具有永久保留信息且容量大的特点。

  综上所述，在微型计算机的多级存储体系中，每一种存储器都不是孤立的，而是有机整体的一部分。这种多级存储体系的整体速度接近于 Cache 和寄存器，而容量却可以达到外存储器的级别，从而较好地解决了存储器中速度、容量、价格三者之间的矛盾，满足了计算机系统的应用需要，这是微型计算机系统设计思路的精华之一。随着半导体工艺水平的发展和计算机技术的进步，这种多级存储体系的构成可能会有所调整，但由于系统软件和应用软件的发展使得内存的容量总是无法满足应用的需求，因此由"内存→外存"为主体的多级存储体系将会长期存在下去。

1.6 多媒体技术的概念与应用

多媒体(multimedia)简单地说,就是对文本(text)、图形(graphic)、图像(image)、声音(sound)、动画(animation)、视频(video)等多种媒体的统称。对于多媒体技术的定义,目前有多种解释,可根据多媒体技术的环境特征来给出综合描述,意义可归纳为:计算机综合处理多种媒体信息,包括文本、图形、图像、声音、动画及视频等,在各种媒体信息间按某种方式建立逻辑连接,集成为具有交互能力的信息演示系统。

1.6.1 多媒体的几个主要概念

多媒体技术涉及许多学科,如图像处理系统、声音处理技术、视频处理技术以及三维动画技术等,它是一门跨学科的综合性技术。多媒体技术用计算机把各种不同的电子媒体集成并控制起来,这些媒体内容涵盖文本、图形、图像、音频、视频及动画等数字格式,并通过计算机系统实现集成化处理与交互控制。因此多媒体技术又可看成一种界面技术,它使得人机界面更为形象、生动、友好。

多媒体技术以计算机为核心,计算机技术的发展为多媒体技术的应用奠定了坚实的基础。在国外,有的专家把个人计算机(PC)、图形用户界面(GUI)和多媒体称为近年来计算机发展的三大里程碑。多媒体的主要概念有以下几个。

1. 媒体

媒体在计算机领域主要有两种含义:一是指用以存储信息的实体,如磁带、磁盘、光盘、U盘、光磁盘、半导体存储器等;二是指用于承载信息的载体,如数字、文字、声音、图形、图像、动画等。媒体一般分为感觉媒体、表示媒体、表现媒体、存储媒体和传输媒体5类。

(1) 感觉媒体指的是能直接作用于人的感官并让人产生感觉的媒体。此类媒体包括人类的语言、文字、音乐、自然界里的其他声音、静态或活动的图像、图形和动画等。

(2) 表示媒体是用于传输感觉媒体的手段,在内容上指的是对感觉媒体的各种编码,包括语言编码、文本编码和图像编码等。

(3) 表现媒体又称显示媒体,是计算机用于输入输出的媒体。表现媒体又分为输入表现媒体和输出表现媒体:输入表现媒体有键盘、鼠标、光笔、数字化仪、扫描仪、麦克风、摄像机等,输出表现媒体有显示器、打印机、扬声器、投影仪等。

(4) 存储媒体是指用于存储表现媒体的介质,包括内存、磁盘、磁带和光盘等。

(5) 传输媒体是指用于承载和传输数据信号的物理介质,包括有线介质(如双绞线、同轴电缆、光纤)和无线介质(如电磁波、红外线)。

2. 多媒体的几个基本元素

多媒体主要有以下几个基本元素。

(1) 文本:以ASCII码存储的文件,这是最常见的一种多媒体形式。

(2) 图形:由计算机绘制的各种几何图形。

(3) 图像：由摄像机或图形扫描仪等输入设备获取的实际场景的静止画面。

(4) 动画：借助计算机生成的一系列可供动态实习演播的连续图像。

(5) 音频：数字化的声音，可以是解说、背景音乐及各种声响。音频分为音乐音频和话音音频两种。

(6) 视频：由摄像机等输入设备获取的活动画面。由摄像机得到的视频图像是一种模拟视频图像。模拟视频图像在输入计算机后，必须经过模数(A/D)转换才能进行编辑和存储。

此外，多媒体还具有多样化、交互性、集成性和实时性等特征。

1.6.2 多媒体的关键技术

多媒体的关键技术主要包括数据压缩与解压缩、媒体同步、多媒体网络、超媒体等。其中以视频和音频数据的压缩与解压缩技术最为重要。

视频和音频信号的数据量大，同时要求传输速度快，目前的微机还不能完全满足要求，因此，对多媒体数据必须进行实时的压缩与解压缩。

数据压缩技术又称为数据编码技术，相关研究已有 50 年的历史。目前针对多媒体信息的数据编码技术主要有以下几种。

(1) JPEG 标准。JPEG(joint photographic experts group，联合摄像专家组)是于 1986 年制定的主要针对静止图像的第一个图像压缩国际标准。该标准包含有损和无损两种压缩编码方案，JPEG 对单色和彩色图像的压缩比通常分别为 10:1 和 15:1。许多 Web 浏览器都将 JPEG 图像作为一种标准文件格式供浏览者浏览网页中的图像。

(2) MPEG 标准。MPEG(moving picture experts group，动态图像专家组)是由国际标准化组织和国际电工委员会组成的专家组，现在已成为有关技术标准的代名词。MPEG 是压缩全动画视频的一种标准方法，包括三部分：MPEG-Video、MPEG-Audio、MPEG-System(也可使用数字编号代替 MPEG 后面对应的单词)。MPEG 的平均压缩比为 50:1，常用于硬盘、局域网、有线电视(Cable-TV)信息压缩。

(3) H.216 标准(又称 P(64)标准)。H.216 标准是国际电报电话咨询委员会(CCITT)为可视电话和电视会议制定的标准，用于视频和声音的双向传输。

1.6.3 多媒体技术的应用

借助日益普及的高速信息网络，多媒体技术可以实现计算机的全球联网和信息资源的共享。多媒体技术带来的新感受和新体验在任何时候都是不可想象的。

(1) 数据压缩、图像处理技术的应用。多媒体计算机技术是针对 3D 图形、环绕声、彩色全屏运动画面的处理技术。然而，数字计算机正面临着数值、文本、语言、音乐、图形、动画、图像、视频等媒体的问题，这些媒体在数字化过程中(模拟→数字转换)会产生海量数据，对存储容量、传输带宽及计算性能形成多重压力。数字化的视音频信号数量惊人，对内存的存储容量、通信干线的信道传输速率以及计算机的运行速度都造成了很大的压力。要解决这个问题，单纯地扩大存储容量、提高通信中继的传输速率是不现实的。数据压缩技术为图像、视频和音频信号压缩，文件存储和分布式利用，通信干线传输效率的提高等提供了有效方法。同时，数据压缩技术还使计算机能够实时处理音频和视频信息，以确保能够播放高质量的视频和音频节目。为此，国际标准化协会、国际电子委员会、国际电信协会等国际组织牵头制定了与视频图像压缩编码相关的三项重要国际标准：JPEG 标准、MPEG 标准和 H.261 标准。

(2) 语音识别技术的应用。语音识别一直是人们美好的梦想，让计算机理解人的语音是发展人机语音通信和新一代智能计算机的主要目标。随着计算机的普及，越来越多的人在使用计算机。如何为不熟悉计算机的人提供友好的人机交互手段是一个有趣的问题，语音识别技术是最自然的交流手段之一。

目前，在语音识别领域，新的算法、思想、应用系统不断涌现。同时，语音识别领域也正处于非常关键的时期。全世界的研究人员都在向语音识别应用的最高水平冲刺——没有特定人、词汇量大、语音连续的听写机系统的研究和应用。也许，人们有关实现语音识别技术的梦想很快就会变成现实。

(3) 文语转换技术的应用。中、英、日、法、德五种语言的文语转换系统在全世界范围内得到了发展，并已广泛应用于许多领域。例如，声波文语转换系统是清华大学计算机系基于波形编辑的中文文语转换系统。该系统利用汉语词库进行分词，并根据语音研究的结果建立语音规则来处理汉语中一些常见的语音现象。该系统还利用粒子群优化算法修改超音段的语音特征，以提高语音输出质量。

(4) 多媒体信息检索技术的应用。多媒体信息检索技术的应用使得多媒体信息检索系统、多媒体数据库、可视化信息系统、多媒体信息自动获取和索引系统逐渐成为现实。基于内容的图像检索和文本检索系统是近年来多媒体信息检索领域最活跃的研究课题。

1.7 习题

1. 简述计算机的产生与发展。
2. 简述计算机的分类与应用。
3. 简述计算机系统的基本组成。
4. 简述多媒体技术的概念与应用。

第 2 章

Windows 10 操作系统

本章介绍操作系统的基本概念、功能、组成及分类,并着重讲解 Windows 10 操作系统的基本操作和应用,其中包括认识桌面系统、操作窗口和对话框、管理文件和文件夹、使用汉字输入法、设置个性化系统环境以及管理系统软硬件。

本章重点

- 操作系统的功能和分类
- 管理文件和文件夹
- 创建用户账户
- Windows 10 操作系统
- 自定义任务栏
- 卸载应用软件

2.1 操作系统概述

计算机仅有硬件是无法工作的,还需要软件的支持。从计算思维的抽象层次看,硬件与软件通过分层协作构建了完整的计算系统;在具体应用场景中,二者通过资源调度与功能实现的动态交互,持续优化问题解决能力。其中,软件系统还包括应用软件和系统软件两方面的能力,负责管理计算机系统中各种独立的硬件,使硬件之间可以协调工作。系统软件使得计算机使用者和其他软件可以将计算机当作一个整体而不需要顾及底层的每个硬件如何工作;应用软件则提供操作系统之上的扩展能力,它们是为某种特定的用途(如文档处理、网页浏览、视频播放等)而被开发的软件。

2.1.1 操作系统的基本概念

在计算机软件系统中,能够与硬件相互交流的是操作系统。操作系统是最底层的软件,它控制计算机中运行的所有程序并管理整个计算机的资源,是计算机与应用程序及用户之间的桥梁。操作系统允许用户使用应用软件,并允许程序员利用编程语言函数库、系统调用和程序生成工具来开发软件。

操作系统是计算机系统的控制和管理中心,从用户的角度看,可以将操作系统看作用户与计算机硬件系统之间的接口,如图 2-1 所示。

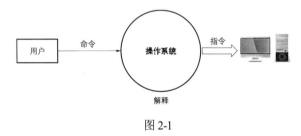

图 2-1

从资源管理的角度看,可以将操作系统视为计算机系统资源的管理者,其主要目的是简单、高效、公平、有序和安全地使用资源。

2.1.2 操作系统的功能

操作系统的功能包括进程管理、存储管理、文件管理和中断处理。

1. 进程管理

简单地说,进程是程序的执行过程。程序是静态的,其仅仅包含描述算法的代码;进程则是动态的,其包含程序代码、数据和程序运行的状态等信息。进程管理的主要任务是对 CPU 资源进行分配,并对程序运行进行有效的控制和管理。

(1) 进程的状态及其变化。如图 2-2 所示,进程的状态反映了进程的执行过程。当操作系统有多个进程请求执行时(如打开多个网页)，每个进程进入"就绪"队列，操作系统按进程调度算法(如先来先服务(FIFO)、时间片轮转、优先级调度等)选择下一个马上要执行的就绪进程，然后为就绪进程分配一个十几毫秒(与操作系统有关)的时间片，并为其分配内存空间等资源。上一个运行进程退出后，就绪进程进入"运行"状态。目前 CPU 的工作频率为 GHz 级，在 1 纳秒内最少可执行 1~4 条指令(与 CPU 频率、内核数量等有关)，在十几毫秒的时间里，CPU 可以执行数万条机器指令。CPU 通过内部硬件中断信号来指示时间片的结束，时间片用完后，进程便将控制权交还操作系统，进程必须暂时退出"运行"状态，进入"就绪"队列或处于"等待"或"完成"状态。这时操作系统分配下一个就绪进程进入运行状态。以上过程称为进程切换。进程结束时(如关闭某个程序)，操作系统会立即撤销该进程，并及时回收该进程占用的软件资源(如程序控制块、动态链接库)和硬件资源(如 CPU、内存等)。

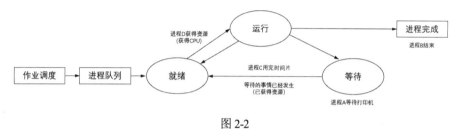

图 2-2

(2) 进程同步。进程对共享资源(如 CPU)不允许同时访问，这称为进程互斥，以互斥关系使用的共享资源称为临界资源。为了保证进程能够有序执行，必须进行进程同步。进程同步有以下两种方式。

▽ 进程互斥方式：即互斥地为临界资源设置一把锁；锁打开时，进程可以对临界资源进行访问，锁关闭时则禁止进程访问临界资源。

▽ 空闲让进，忙则等待：即临界资源没有进程使用时，允许进程申请进入临界区；如果已有进程进入临界区，那么其他试图进入临界区的进程都必须等待。

(3) Windows 进程管理。为了跟踪所有进程，Windows 在内存中建立了一张进程表。每当有程序请求执行时，操作系统就在这张进程表中添加一个新的表项，这个表项被称为 PCB(程序控制块)。PCB 中包含了进程的描述信息和控制信息。进程结束后，系统收回 PCB，该进程便消亡。在 Windows 系统中，每个进程都由程序段、数据段、PCB 三部分组成。

2. 存储管理

(1) 存储空间的组织。在操作系统中，每个任务都有独立的内存空间，从而避免任务之间产生不必要的干扰。在将物理内存划分成独立的内存空间时，典型的做法是采用段式内存寻址和页式虚拟内存管理。页式存储虽然解决了存储空间的碎片问题，但也造成了程序分散存储在不连续的内存空间中。x86 体系结构支持段式内存寻址和虚拟内存映射，x86 机器上运行的操作系统普遍采用虚拟内存映射作为基础的页式存储方式，Windows 和 Linux 就是典型的例子。

(2) 存储管理的主要内容。一是为每个应用程序分配和回收内存空间；二是地址映射，也就是将程序使用的逻辑地址映射成内存空间的物理地址；三是内存保护，当内存中有多个进程运行时，保证进程之间不会因相互干扰而影响系统的稳定性；四是当某个程序的运行导致系统内存不足时，给用户提供虚拟内存(硬盘空间)，使程序顺利运行，或者采用内存"覆盖"技术、内存"交换"技术等运行程序。

(3) 虚拟内存技术。虚拟内存就是将硬盘空间拿来当内存使用，硬盘空间比内存大许多，有足够的空间用作虚拟内存；但是硬盘的运行速度(毫秒级)大大低于内存(纳秒级)，所以虚拟内存的运行效率很低。这也反映了计算思维的一条基本原则：以时间换空间。

虚拟存储的理论依据是程序局部性原理：在运行过程中，程序在时间上经常使用相同的指令和数据(如循环指令)；而在存储空间上，程序经常使用某一局部空间的指令和数据(如窗口显示)。虚拟内存技术是将程序所需的存储空间分成若干页，然后将常用页放在内存中，而将暂时不用的程序和数据放在外存中。仅当需要用到外存中的页时，才把它们调入内存。

(4) Windows 虚拟内存空间。以 32 位 Windows 系统为例，其虚拟内存空间为 4 GB，用户看到和接触到的都是虚拟内存空间。利用虚拟地址不但能起到保护操作系统的效果(用户不能直接访问物理内存)，更重要的是，用户可以使用比实际物理内存大得多的内存空间。用户在 Windows 系统中双击一个应用程序的快捷图标后，Windows 系统就会为该应用程序创建一个进程，并且为每个进程分配 2 GB(内存范围为 0~2 GB)的虚拟内存空间，这个 2 GB 的内存空间用于存放程序代码、数据、堆栈、自由存储区；另外 2 GB 的(内存范围为 3 GB~4 GB)虚拟内存空间由内存管理器使用。由于虚拟内存大于物理内存，因此它们之间需要进行内存页面映射和地址空间转换。

3. 文件管理

文件是一组相关信息的集合。在计算机系统中，所有程序和数据都以文件的形式存放在计算机外部存储器(如硬盘、U 盘)上。例如，C 源程序、Excel 文件、一张图片、一段视频、各种程序等都是文件。

(1) Windows 文件系统。操作系统中负责管理和存取文件的程序称为文件系统。Windows 文件系统有 NTFS、FAT32 等。在文件系统的管理下，用户可以按照文件名查找和访问文件(打开、执行、删除文件等)，而不必考虑文件如何存储、存储空间如何分配、文件目录如何建立、文件如何调入内存等问题。文件系统为用户提供了一种简单、统一的文件管理方法。

文件名是文件管理的依据，文件名分为文件主名和扩展名两部分。文件主名由程序员或用户命名。文件主名一般选用有意义的英文或中文词汇命名，以便识别。不同操作系统对文件命名的规则有所不同。例如，Windows 操作系统不区分文件名的大小写，所有文件名在操作系统执行时，都会被转换为大写字符；而有些操作系统区分文件名的大小写，如在 Linux 操作系统中，test.txt、Test.txt、TEST.TXT 将被认为是 3 个不同的文件。

文件的扩展名表示文件的类型，不同类型的文件，处理方法也不同。例如，在 Windows 系统中，扩展名.exe 表示可执行文件。用户不能随意更改文件的扩展名，否则将导致文件不能执行或打开。在不同的操作系统中，表示文件类型的扩展名并不相同。

文件内部属性的操作(如文件建立、内容修改等)需要专门的软件，如建立电子表格文档需要 Excel 软件，打开图片文件需要 ACDSee 软件，编辑网页需要 Dreamweaver 软件等；文件外部属性的操作(如复制、改名、删除等)可在操作系统下实现。

目录(文件夹)由文件和子目录组成，目录也是一种文件。如图 2-3 所示，Windows 操作系统将目录按树状结构管理，用户可以将文件分门别类地存放在不同目录中。这种目录结构像一棵倒置的树，树根为根目录，树中的每一个分支为子目录，树叶为文件。在 Windows 系统中，每个硬盘分区(如 C、D、E 盘等)都被建立为一棵独立的目录树，有几个分区就有几棵目录树(这一点与 Linux 不同)。

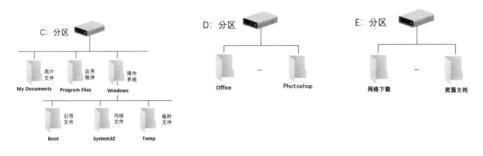

图 2-3

(2) Linux 文件系统。如图 2-4 所示，Linux 文件系统使用的是层次化的树状结构。Linux 系统只有一个根目录(与 Windows 系统不同)，Linux 可以将另一个文件系统或硬件设备通过"挂载"的方式挂装到某个目录上，从而使不同的文件系统能结合成为一个整体。

Linux 系统中的文件类型有文本文件(支持不同的编码方式，如 UTF-8)、二进制文件(Linux 下的可执行文件)、数据格式文件、目录文件、链接文件(类似 Windows 系统中的快捷方式)、设备文件(分为块设备文件和字符设备文件)、套接字文件(用于网络连接)、管道文件等。

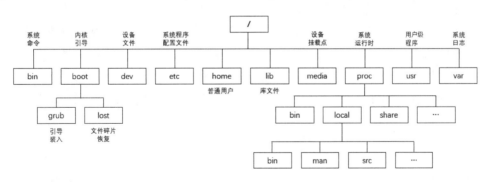

图 2-4

大部分 Linux 使用 Ext2 文件系统，但 Linux 也支持 FAT、VFAT、FAT32 等文件系统。Linux 能将不同类型的文件系统组织成统一的虚拟文件系统(VFS)。通过 VFS，Linux 可以方便地与其他文件系统交换数据，虚拟文件系统隐藏了不同文件系统的具体细节，为所有文件提供了统一的接口。用户和进程不需要知道文件所属的文件系统类型，只需要如使用 Ext2 文件系统中的文件般使用它们即可。

4. 中断处理

中断是指 CPU 暂停当前执行的任务，转而执行另一段子程序。中断可以由程序控制或由硬件电路自动控制完成程序的跳转。外部设备通过信号线向 CPU 提出中断请求信号，CPU 响应中断后，暂停当前程序的执行，转而执行中断处理程序，中断处理程序执行完毕后，返回到中断处，继续按原来的顺序执行。

例如，当计算机打印输出时，CPU 传送数据的速率很高，而打印机打印的速率很低，如果不采用中断技术，CPU 将经常处于等待状态，效率极低。采用中断方式后，CPU 便可以处理其他工作，只有在打印机缓冲区中的数据打印完毕并发出中断请求之后，CPU 才予以响应，暂时中断当前工作，转而向打印机缓冲区传送数据，数据传送完之后又返回执行原来的程序。这样就极大地提高了计算机系统的效率。

2.1.3 操作系统的分类

随着操作系统的发展及相关技术的不断涌现，操作系统的种类也在逐渐增加。操作系统可按多种标准进行分类。

1. 根据应用领域分类

根据应用领域，可将操作系统分为桌面操作系统(如 MS DOS、Windows 等)、服务器操作系统和嵌入式操作系统(如嵌入式 Linux、Android 等)。

(1) 桌面操作系统主要用于个人计算机。个人计算机市场从硬件架构上来说主要分为两大阵营——PC 机和 Mac 机，从操作系统上主要分为三大类——Windows 操作系统、类 UNIX 系统(如 macOS 及 Linux 发行版)和其他专用系统。

(2) 服务器操作系统一般指的是安装在大型计算机上的操作系统，如 Web 服务器、应用服务器和数据库服务器等。

(3) 嵌入式操作系统是应用于嵌入式系统的操作系统。嵌入式操作系统已被广泛应用于我们生活的方方面面，涵盖的范围从便携式设备到大型固定设施，如手机、平板电脑、家用电器、交通控制设备、医疗设备、航空电子设备等，越来越多的嵌入式系统中安装了实时操作系统。

2. 根据操作系统的使用环境和作业处理方式分类

根据使用环境和作业处理方式，可将操作系统分为批处理操作系统(如 MVX、DOS/VSE)、分时操作系统(如 Linux、UNIX、XENIX、Mac OS X)和实时操作系统(如 VxWorks、FreeRTOS)。

(1) 批处理操作系统的工作方式是：首先将作业交给系统操作者，系统操作者则将许多用户的作业组成一批作业；之后将这批作业输入计算机中，在系统中形成自动转接的、连续的作业流；然后启动操作系统，系统自动、依次执行每个作业；最后由系统操作者将作业结果交给用户。批处理操作系统的特点是多道和成批处理。

(2) 分时操作系统的工作方式是：用一台主机连接若干终端，每个终端都有一个用户在使用；用户交互式地向系统提出命令请求，系统接收每个用户的命令，采用时间片轮转方式处理服务请求,并通过交互方式在终端向用户显示结果;用户则根据上一步结果发出下一道命令。分时操作系统具有多路性、交互性、独占性和及时性。多路性是指同时有多个用户使用同一台计算机,从宏观上看是多个人同时使用 CPU,从微观上看则是多个人在不同时刻轮流使用 CPU;交互性是指用户根据系统响应结果进一步提出新请求(用户直接干预每一步);独占性是指用户感觉不到计算机为其他人服务,就像整个系统为自己独占;及时性是指系统对用户提出的请求能够及时响应。

(3) 实时操作系统的工作方式是:计算机及时响应外部事件的请求,并严格在规定的时间内完成对事件的处理,同时控制所有实时设备和实时任务协调一致地工作。实时操作系统追求的目标是:对外部请求要在严格的时间范围内做出响应,要有较高的可靠性和完整性。实时操作系统的主要特点是:资源的分配和调度首先要考虑实时性,然后才考虑效率,此处还必须具有较强的容错能力。

常见的通用操作系统是分时操作系统与批处理操作系统的结合,原则是:分时优先,批处理在后;"前台"响应需要频繁交互的作业,"后台"处理实时性要求不强的作业。

3. 根据操作系统支持的用户数目分类

根据支持的用户数目,操作系统可分为单用户操作系统(如 MS DOS、OS/2、Windows 桌面系统)和多用户操作系统(如 UNIX、Linux、MVS)。

4. 根据操作系统是否开源分类

根据是否开源,操作系统可分为开源操作系统(如 Linux、FreeBSD)和闭源操作系统(如 macOS 和 Windows)。

5. 根据硬件结构分类

根据硬件结构,操作系统可分为网络操作系统(如 Windows NT、Netware、OS/2 Warp)、多媒体操作系统(如 Amiga)和分布式操作系统等。

6. 根据存储器寻址的宽度分类

根据存储器寻址的宽度,操作系统可分为 8 位、16 位、32 位、64 位的操作系统。早期的操作系统一般只支持 8 位和 16 位存储器寻址,现代操作系统(如 Linux 和 Windows 10)都支持 32 位和 64 位存储器寻址。

2.1.4 Windows 10 操作系统简介

Windows 操作系统是微软公司开发的一款多任务操作系统,采用了图形窗口界面。通过 Windows 操作系统,用户对计算机的各种操作只需要使用鼠标和键盘就可以实现。随着计算机硬件系统和应用软件的不断升级,Windows 操作系统不断升级,从早期的 16 位、32 位架构,升级到现在主流的 64 位架构,系统版本也从最初的 Windows 1.0 发展到现在人们熟知的 Windows 7、Windows 10。

Windows 10 操作系统是 Windows 系统成熟蜕变的登峰之作,其拥有全新的触控界面,可为用户呈现全新的使用体验。Windows 10 覆盖全平台，可以运行在计算机、手机、平板电脑以及 Xbox One 等设备上，并且能够跨设备进行搜索、购买和升级。

目前，Windows 10 操作系统有 Windows 10 Home(家庭版)、Windows 10 Professional(专业版)、Windows 10 Enterprise(企业版)、Windows 10 Education(教育版)、Windows 10 Mobile(移动版)、Windows 10 Mobile Enterprise(企业移动版)等多个版本。

大部分的计算机在出厂时都预装有 Windows 10 操作系统，Windows 10 是全新一代的跨平台操作系统，对计算机硬件要求不高，一般能够安装 Windows 7 的计算机也都可以安装 Windows 10，安装时的最低硬件环境需求如下。

▽ 处理器：1 GHz 或更快的处理器。
▽ 内存：内存容量≥1 GB(32 位)或 2 GB(64 位)。
▽ 硬盘：硬盘空间≥16 GB(32 位)或 20 GB(64 位)。
▽ 显卡：支持 DirectX 9 或更高版本。
▽ 显示器：分辨率在 800×600 像素及以上的传统显示设备或支持触摸技术的新型显示设备。

2.2　Windows 10 基本操作

掌握 Windows 10 的基本操作可使用户更加便捷地操作计算机。本节介绍有关 Windows 10 的桌面、窗口、文件管理、输入法等方面的操作方法和技巧。

2.2.1　认识桌面系统

启动并登录 Windows 10 后，出现在整个计算机屏幕上的区域称为"桌面"，如图 2-5 所示，Windows 10 中的大部分操作都是通过桌面来完成的。桌面主要由桌面图标、任务栏、【开始】菜单等组成。

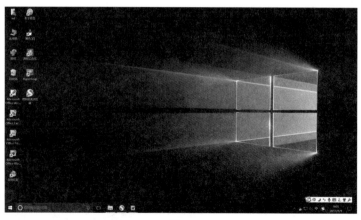

图 2-5

▽ 桌面图标：桌面图标就是整齐排列在桌面上的一系列图片，这些图片由图标和图标名称两部分组成。有的图标在左下角还有一个箭头，这类图标被称为"快捷方式"。双击这些图标，可以快速地打开相应的窗口或者启动相应的程序。

▽ 任务栏：任务栏是位于桌面底部的一块条形区域，其中显示了系统正在运行的程序、打开的窗口和当前时间等内容。

▽ 【开始】菜单：【开始】按钮位于桌面的左下角，单击后将弹出【开始】菜单。【开始】菜单是 Windows 操作系统中的重要元素，其中不仅存放了操作系统或系统设置的绝大多数命令，而且包含了 Windows 10 特有的开始屏幕，用户可以自由添加程序图标。

1. 使用桌面图标

桌面图标主要分成系统图标和快捷方式图标两种。系统图标是系统桌面上的默认图标，特征就是图标的左下角没有 标志。

Windows 系统在安装好之后，桌面上默认只有一个【回收站】图标，用户可以选择添加【此电脑】、【网络】等系统图标。

为此，在桌面的空白处右击鼠标，从弹出的快捷菜单中选择【个性化】命令，打开【个性化】窗口，单击窗口左侧的【更改桌面图标】文字链接，打开【桌面图标设置】对话框。选中【计算机】和【网络】复选框，然后单击【确定】按钮，即可在桌面上添加这两个系统图标，如图 2-6 所示。

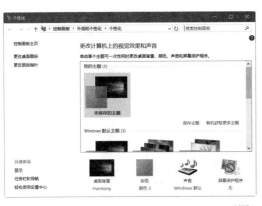

图 2-6

快捷方式图标是指应用程序的快捷启动方式，双击快捷方式图标可以快速启动相应的应用程序。一般情况下，每当安装了一个新的应用程序后，系统就会自动在桌面上建立相应的快捷方式图标。如果系统没有为安装的应用程序自动建立快捷方式图标，那么可以采用以下方法来添加。

打开【开始】菜单，找到想要设置的应用程序，如 Microsoft Office 2010，然后使用鼠标左键将其拖动到桌面上，此时将会显示链接提示。松开鼠标左键，即可在桌面上创建 Microsoft Office Word 2010 的快捷方式图标，如图 2-7 所示。

图 2-7

另外,在应用程序的启动图标上右击鼠标,从弹出的快捷菜单中选择【发送到】|【桌面快捷方式】命令,也可创建应用程序的快捷方式图标并将其显示在桌面上。

2. 使用【开始】菜单

【开始】菜单指的是单击任务栏中的【开始】按钮后打开的菜单。用户可以通过【开始】菜单访问硬盘上的文件或者运行安装好的程序,如图 2-8 所示。【开始】菜单的主要构成元素及其作用如下。

▽ 常用程序列表:其中列出了最近添加或常用的程序快捷方式,它们默认已经按照程序名称的首字母排好序。

▽ 电源等便捷按钮:【开始】菜单的左侧默认有 3 组按钮,分别是【账户】【设置】和【电源】按钮。用户可以通过单击这些按钮来进行相关方面的设置。

▽ 开始屏幕:Windows 10 的开始屏幕可以动态呈现更多信息,支持尺寸可调。我们不但可以取消所有固定的应用磁贴,让 Windows 10 的【开始】菜单回归最简,而且可以将【开始】菜单设置为全屏(不同于平板模式)。

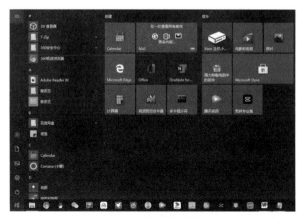

图 2-8

3. 使用任务栏

任务栏是位于桌面底部的一块条形区域，其中显示了系统正在运行的程序、打开的窗口和当前时间等内容。任务栏最左边的立体按钮是【开始】按钮，右边是 Cortana、快速启动栏、正在启动的程序区、任务视图按钮、通知区域、语言栏、时间区域、通知按钮、桌面显示按钮等。

- ▽ Cortana：Cortana(中文名称是"小娜")是微软专门打造的人工智能机器人。Cortana 可以实现本地文件、文件夹、系统功能的快速搜索。直接在搜索框中输入名称，Cortana 会将符合条件的应用自动放到顶端，选择程序即可启动。此外，我们还可以使用麦克风和 Cortana 对话，Cortana 提供了多项日常办公服务。
- ▽ 快速启动栏：单击快速启动栏中的图标，即可快速启动相应的应用程序。例如，单击【文件资源管理器】按钮，即可启动文件资源管理器，如图 2-9 所示。
- ▽ 正在启动的程序区：显示当前正在运行的所有程序，其中的每个按钮都代表一个已经打开的窗口，单击这些按钮即可在不同的窗口之间进行切换。
- ▽ 任务视图按钮：通过单击任务视图按钮，可将正在执行的程序全部以小窗口的形式平铺显示在桌面上。我们还可以通过最右侧的【新建桌面】按钮建立新桌面。
- ▽ 通知区域：显示系统的当前时间以及后台运行的某些程序。单击【显示隐藏的图标】按钮，可查看当前正在运行的程序，如图 2-10 所示。
- ▽ 语言栏：显示系统中当前正在使用的输入法和语言。
- ▽ 时间区域、通知按钮、桌面显示按钮：时间区域位于任务栏的最右侧，用来显示和设置时间。单击通知按钮，将显示系统通知等信息。单击桌面显示按钮，将快速最小化所有窗口并显示桌面。

图 2-9　　　　　　　　　　图 2-10

2.2.2　操作窗口和对话框

窗口是 Windows 操作系统中的重要组成部分，很多操作都是通过窗口来完成的。对话框是用户在操作过程中由系统弹出的一种特殊窗口，在对话框中，用户可通过对选项进行选择和设置，对相应的对象执行某项特定操作。

1. 窗口的组成

窗口相当于桌面上的一块工作区域。用户可以在窗口中对文件、文件夹或程序进行操作。

双击桌面上的【此电脑】图标，打开的就是 Windows 10 系统中的标准窗口。窗口主要由标题栏、地址栏、搜索栏、工具栏、窗口工作区等元素组成，如图 2-11 所示。

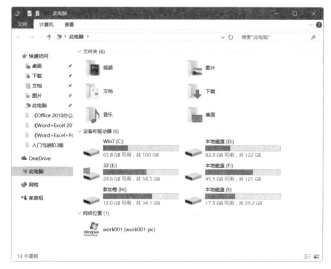

图 2-11

▽ 标题栏：标题栏位于窗口的顶端，标题栏的最右端显示了【最小化】【最大化/还原】【关闭】三个按钮。通常情况下，用户可以通过标题栏执行移动窗口、改变窗口的大小和关闭窗口等操作。

▽【文件】按钮：标题栏的左下方是【文件】按钮，单击后将弹出一个下拉菜单，其中提供了【打开新窗口】等命令。

▽ 选项卡栏：【文件】按钮的右侧是提供不同命令的选项卡。

▽ 地址栏：用于显示和输入当前浏览位置的详细路径信息，Windows 10 的地址栏提供了按钮功能，单击地址栏中某文件夹后的下三角按钮，将弹出一个下拉菜单，里面列出了该文件夹下的其他文件夹，选择相应的路径便可跳转到对应的文件夹。

▽ 搜索栏：窗口右上角的搜索栏具有在计算机中搜索各种文件的功能。搜索时，地址栏中将显示搜索进度。

▽ 导航窗格：导航窗格位于窗口的左侧，它给用户提供了树状结构的文件夹列表，从而方便用户迅速定位所需的目标。导航窗格从上到下分为不同的类别，可通过单击每个类别前的箭头进行展开或合并。

▽ 窗口工作区：用于显示内容，如多个不同的文件夹、磁盘驱动器等。窗口工作区是窗口中最主要的元素。

▽ 状态栏：位于窗口的底部，用于显示当前操作的状态及提示信息，或显示当前用户所选定对象的详细信息。

2. 窗口的预览和切换

用户在打开多个窗口之后，可以在这些窗口之间进行切换，Windows 10 操作系统提供了多种方式来让用户便捷地切换窗口。

▽ 按 Alt+Tab 组合键预览窗口：在按下 Alt+Tab 组合键之后，用户将发现切换面板中会显示当前打开的窗口的缩略图，并且除当前选定的窗口外，其余的窗口都呈现透明状态。按住 Alt 键不放，再按 Tab 键或滚动鼠标滚轮就可以在现有窗口的缩略图之间切换。

▽ 通过任务栏图标预览窗口：当用户将鼠标指针移至任务栏中某个程序的按钮时，按钮的上方就会显示与该程序相关的所有已打开窗口的预览窗格，单击其中的某个预览窗格，即可切换至对应的窗口，如图 2-12 所示。

▽ 按 Win+Tab 组合键切换窗口：当用户按下 Win+Tab 组合键切换窗口时，切换效果与使用任务视图按钮一样。按住 Win 键不放，再按 Tab 键或滚动鼠标滚轮即可在各个窗口之间切换，如图 2-13 所示。

图 2-12

图 2-13

3. 对话框的组成

对话框是 Windows 操作系统中的次要窗口，里面包含了按钮和命令，通过它们可以完成特定的操作和任务。对话框和窗口的最大区别就是前者没有【最大化】和【最小化】按钮，并且一般不能改变形状和大小。

Windows 10 中的对话框多种多样，一般来说，对话框中的可操作元素主要包括命令按钮、选项卡、单选按钮、复选框、文本框、下拉列表框和数值框等，但并不是所有的对话框都包含以上元素，如图 2-14 所示。对话框的各组成元素的作用如下。

▽ 选项卡：对话框内一般有多个选项卡，通过选择选项卡可以切换到相应的设置界面。

▽ 列表框：列表框在对话框中以矩形框显示，里面列出了多个选项供用户选择。列表框有时也会以下拉列表框的形式显示。

▽ 单选按钮：单选按钮是一些互相排斥的选项，每次只能选择其中的一项，被选中的那一项的圆圈中将会有个黑点。

▽ 复选框：复选框则是一些不互相排斥的选项，用户可根据需要选择其中的一项或多项。当选中某个复选框时，这个复选框内会出现"√"标记，一个复选框代表一个可以打开或关闭的选项。在空白选择框上单击便可选中它，再次单击便可取消选中。

▽ 文本框：文本框主要用来接收用户输入的信息，以便正确完成对话框操作。

▽ 数值框：数值框用于输入或选中数值，由文本框和微调按钮组成。在数值框中，单击上三角的微调按钮可增加数值，单击下三角的微调按钮可减少数值。也可在数值框中直接输入需要的数值。

▽ 下拉列表框：下拉列表框是带有下拉按钮的文本框，用来从多个选项中选择一项，选中的项将显示在下拉列表框内。当单击下拉列表框右侧的下三角按钮时，将出现一个下拉列表供用户选择。

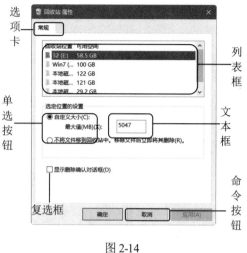

图 2-14

4. 使用菜单

菜单是应用程序中命令的集合，一般位于窗口的菜单栏中，菜单栏通常由多层菜单组成，每个菜单又包含若干命令。为了打开菜单，只需要使用鼠标单击需要执行的菜单选项即可。一般来说，菜单中的命令包含以下几种。

▽ 可执行命令和暂时不可执行命令：菜单中可以执行的命令以黑色字符显示，暂时不可执行的命令以灰色字符显示。仅当满足相应的条件时，暂时不可执行的命令才能变为可执行命令，灰色字符也才会变为黑色字符，如图 2-15 所示。

▽ 快捷键命令：有些命令的右边有快捷键，通过使用这些快捷键，用户可以快速、直接地执行相应的菜单命令，如图 2-16 所示。

▽ 带大写字母的命令：菜单命令中有许多命令的后面都有一对括号，括号中有一个大写字母(通常是菜单命令的英文名称的第一个字母)。当菜单处于激活状态时，在键盘上键入相应的字母，即可执行菜单命令。

▽ 带省略号的命令：命令的后面有省略号的话，表示在选择此命令之后，将弹出对话框或设置向导，这种命令表示可以完成一些设置或执行其他更多的操作。

▽ 单选命令：在有些菜单命令中，有时一组命令中每次只能有一个命令被选中，当前选中命令的左边会出现单选标记"•"。选择该组命令中的其他命令，标记"•"将出现在新选中命令的左边，原先那个命令左边的标记"•"将消失。此类命令被称为单选命令。

▽ 复选命令：在有些菜单命令中，选择某个命令后，该命令的左边将出现复选标记"√"，表示此命令正在发挥作用；再次选择该命令，该命令左边的标记"√"消失，表示该命令不起作用，此类命令被称为复选命令。

▽ 子菜单命令：有些菜单命令的右边有一个向右的箭头，使用光标指向此类命令后，就会弹出一个下级子菜单，这个子菜单中通常会包含一类选项或命令，有时则是一组应用程序。

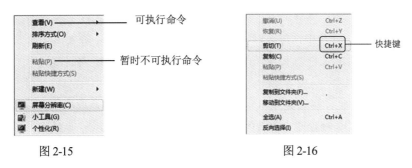

图 2-15　　　　　　　　　　　　　　图 2-16

2.2.3　管理文件和文件夹

文件是 Windows 中最基本的存储单位，其中包含文本、图像及数值数据等信息，不同类型的信息需要保存在不同类型的文件中。通常，文件类型是用文件的扩展名来区分的，根据保存的信息和保存方式的不同，可将文件分为不同的类型，并在计算机中以不同的图标显示，如图 2-17 所示。

为了便于管理文件，Windows 系列操作系统引入了文件夹的概念。简单地说，文件夹就是文件的集合。计算机中的文件如果过多，则会显得杂乱无章，想要查找某个文件也不太方便。这时，用户可将相似类型的文件整理起来，统一放置在一个文件夹中，这样不仅能方便用户查找文件，而且能有效管理好计算机中的资源。文件夹的外观由文件夹图标和文件夹名称组成，如图 2-18 所示。

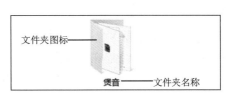

图 2-17　　　　　　　　　　　　　　图 2-18

文件和文件夹都存放在计算机的磁盘上，文件夹可以包含文件和子文件夹，子文件夹又可以包含文件和子文件夹，如此便形成文件和文件夹的树状关系。

1. 文件和文件夹的基本操作

文件和文件夹的基本操作主要包括新建文件和文件夹，以及文件和文件夹的选择、移动、复制、删除等。

(1) 创建文件和文件夹。在 Windows 中，可以采取多种方法来方便地创建文件和文件夹，此外在文件夹中还可以创建子文件夹。在创建文件或文件夹时，可在任何想要创建文件或文件夹的

地方右击，从弹出的快捷菜单中选择【新建】|【文件夹】命令或其他类型文件的创建命令。用户也可以通过在快速访问工具栏中单击【新建文件夹】按钮来创建文件夹，如图 2-19 所示。

(2) 选择文件和文件夹。选择单个文件或文件夹：单击文件或文件夹图标即可。选择多个不相邻的文件和文件夹：选择第一个文件或文件夹后，按住 Ctrl 键，逐一单击想要选择的文件或文件夹即可。选择所有的文件或文件夹：按 Ctrl+A 组合键即可选中当前窗口中所有的文件或文件夹。

(3) 移动文件和文件夹。移动文件和文件夹是指将文件和文件夹从原先的位置移至其他的位置，在移动的同时，系统会删除原先位置的文件和文件夹。在 Windows 系统中，用户可以使用鼠标拖动的方法，或者使用右键快捷菜单中的【剪切】和【粘贴】命令，对文件或文件夹进行移动，如图 2-20 所示。

(4) 删除文件和文件夹。方法有三种：选中想要删除的文件或文件夹，然后按键盘上的 Delete 键；右击想要删除的文件或文件夹，然后从弹出的快捷菜单中选择【删除】命令；使用鼠标将想要删除的文件或文件夹直接拖动到桌面的【回收站】图标上。

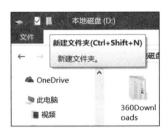

图 2-19

图 2-20

2. 使用回收站

回收站是 Windows 10 系统用来存储被删除文件的场所。用户可以根据需要，选择将回收站中的文件彻底删除或者恢复到原来的位置，这样做可以保证数据的安全性和可恢复性。

从回收站中还原文件或文件夹的方法有以下两种。

▽ 在【回收站】窗口中右击想要还原的文件或文件夹，从弹出的快捷菜单中选择【还原】命令，即可将指定的文件或文件夹还原到删除之前的磁盘位置，如图 2-21 所示。

▽ 直接在【回收站】窗口中单击工具栏中的【管理】|【还原所有项目】按钮。

注意：在回收站中删除文件和文件夹的操作是永久删除，方法是右击想要永久删除的文件或文件夹，从弹出的快捷菜单中选择【删除】命令，在打开的提示框中单击【是】按钮即可，如图 2-22 所示。

清空回收站是指将回收站里的所有文件和文件夹永久删除，此时用户就不必去选择想要永久删除的文件和文件夹了，直接右击桌面上的【回收站】图标，从弹出的快捷菜单中选择【清空回收站】命令。

图 2-21　　　　　　　　　　　　　　　　图 2-22

2.2.4　使用汉字输入法

在 Windows 10 操作系统中，默认状态下，用户不仅可以使用 **Ctrl+空格键**在中文输入法和英文输入法之间进行切换，而且可以使用 **Ctrl+Shift** 组合键来切换所有输入法。**Ctrl+Shift** 组合键采用循环切换的形式，使得用户能够在各种中文输入法和英文输入方式之间依次进行切换。

中文输入法的选择也可通过单击任务栏中的输入法指示图标来完成，这种方法比较直接。在 Windows 桌面的任务栏中，单击代表输入法的图标，从弹出的输入法列表中选择想要使用的输入法即可。

用户如果已经习惯于使用某种输入法，那么可将其他输入法全部删除，以减少切换输入法的时间。例如，为了删除微软五笔输入法，只需要打开【语言选项】窗口，在【输入法】列表中的【微软五笔】选项后单击【删除】链接，最后单击【保存】按钮即可，如图 2-23 所示。

图 2-23

2.3 设置个性化系统环境

在 Windows 10 系统中，可以通过改变桌面背景和图标、改变系统声音和用户账户等一系列操作，对系统进行个性化调整，从而实现方便操作和美化计算机使用环境的效果。

2.3.1 更改桌面图标

Windows 10 系统中的图标多种多样，用户如果对系统默认的图标不满意，那么可以根据自己的喜好更换图标的样式。接下来我们演示在桌面上如何更改【网络】图标的样式。

(1) 在桌面上右击，从弹出的快捷菜单中选择【个性化】命令。打开【设置】窗口，选择【主题】选项卡，在【相关的设置】区域中单击【桌面图标设置】链接，如图 2-24 所示。

(2) 打开【桌面图标设置】对话框，选中【网络】复选框，然后单击【更改图标】按钮，如图 2-25 所示。

图 2-24

图 2-25

(3) 打开【更改图标】对话框，从中选择一个图标，然后单击【确定】按钮，如图 2-26 所示。

(4) 返回【桌面图标设置】对话框，单击【确定】按钮。

(5) 返回桌面，此时【网络】图标已经发生更改，如图 2-27 所示。

图 2-26

图 2-27

2.3.2 更改桌面背景

桌面背景就是 Windows 10 系统中桌面的背景图案,又叫墙纸。启动 Windows 10 操作系统后,桌面背景采用的是系统安装时的默认设置,用户可以根据自己的喜好更换桌面背景。

(1) 启动 Windows 10 系统后,右击桌面空白处,从弹出的快捷菜单中选择【个性化】命令。
(2) 打开【设置】窗口,在【选择图片】区域中选择一张图片,如图 2-28 所示。
(3) 此时桌面背景已经改变,效果如图 2-29 所示。

图 2-28

图 2-29

在【选择图片】区域中单击【浏览】按钮,将会弹出【打开】对话框,用户可以选择一张本地图片并设置为桌面背景。

2.3.3 自定义鼠标指针的外形

默认情况下,在 Windows 10 操作系统中,鼠标指针的外形为 。Windows 10 系统自带了很多鼠标形状,用户可以根据自己的喜好,更改鼠标指针的外形。

(1) 启动 Windows 10 系统后,右击桌面空白处,从弹出的快捷菜单中选择【个性化】命令。
(2) 打开【设置】窗口,选择【主题】选项卡,在【相关的设置】区域中单击【鼠标指针设置】链接,如图 2-30 所示。
(3) 打开【鼠标 属性】对话框,选择【指针】选项卡,从【方案】下拉列表框中选择【Windows 反转(特大)(系统方案)】,如图 2-31 所示。

图 2-30

图 2-31

(4) 在【自定义】列表框中选中【正常选择】选项，然后单击【浏览】按钮。

(5) 打开【浏览】对话框，从中选择一种笔的样式，然后单击【打开】按钮，如图 2-32 所示。

(6) 返回到【鼠标 属性】对话框，单击【确定】按钮。此时的鼠标样式将变成一支笔，形状也变得更大，如图 2-33 所示。

图 2-32

图 2-33

2.3.4 自定义任务栏

任务栏就是位于桌面底部的小长条，作为 Windows 10 系统的超级助手，用户可以通过对任务栏进行个性化设置，使其更加符合用户的使用习惯。接下来，我们设置任务栏中的按钮不再自动合并，而是自动隐藏任务栏。

(1) 在任务栏的空白处右击，从弹出的快捷菜单中选择【设置】命令，如图 2-34 所示。

(2) 打开【设置】窗口的【任务栏】选项卡，从【合并任务栏按钮】下拉列表框中选择【从不】选项，如图 2-35 所示。

图 2-34　　　　　　　　　　图 2-35

(3) 此时，任务栏中相似的按钮将不再自动合并，如图 2-36 所示。

(4) 单击【在桌面模式下自动隐藏任务栏】开关按钮，调整为【开】，如图 2-37 所示。

图 2-36　　　　　　　　　　　　　　　图 2-37

2.3.5　设置屏幕保护程序

屏幕保护程序是指在一定时间内，因为没有使用鼠标或键盘进行任何操作而在屏幕上显示的画面。屏幕保护程序对显示器有保护作用，能使显示器处于节能状态。接下来，我们在系统中设置使用"3D 文字"作为屏幕保护程序。

(1) 在桌面上右击，从弹出的快捷菜单中选择【个性化】命令，打开【设置】窗口。

(2) 选择【主题】选项卡，单击【主题设置】链接，如图 2-38 所示。

(3) 打开【个性化】窗口，单击【屏幕保护程序】链接，如图 2-39 所示。

图 2-38　　　　　　　　　　　　　　　图 2-39

(4) 打开【屏幕保护程序设置】对话框，在【屏幕保护程序】下拉列表框中选择【3D 文字】选项，在【等待】数值框中设置时间为 1 分钟，设置完成后，单击【确定】按钮，如图 2-40 所示。

(5) 在屏幕静止时间超过设定的等待时间后(鼠标和键盘均没有任何动作)，系统就会自动启动屏幕保护程序，如图 2-41 所示。

图 2-40

图 2-41

2.3.6 设置显示器参数

显示器的参数设置主要包括更改显示器的显示分辨率和刷新频率。显示分辨率是指显示器所能显示的像素点的数量,显示器可显示的像素点数越多,画面就越清晰,屏幕区域内能够显示的信息也就越多。设置刷新频率主要是为了防止屏幕出现闪烁现象。刷新频率设置过低会对眼睛造成伤害。接下来,我们设置屏幕的显示分辨率为1600×1200像素、刷新频率为60赫兹。

(1) 在桌面上右击,从弹出的快捷菜单中选择【个性化】命令,打开【设置】窗口。
(2) 选择【主题】选项卡,单击【主题设置】链接,如图2-42所示。
(3) 打开【个性化】窗口,单击【显示】链接,如图2-43所示。

图 2-42

图 2-43

(4) 在打开的窗口中单击【高级显示设置】链接,如图2-44所示。
(5) 打开【高级显示设置】窗口,在【分辨率】下拉列表框中选择【1600×1200】选项,如图2-45所示。

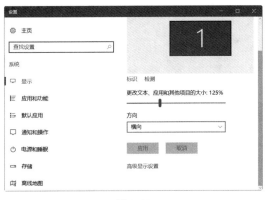

图 2-44　　　　　　　　　　　　　　　图 2-45

(6) 在【相关设置】区域中单击【显示适配器属性】链接，如图 2-46 所示。

(7) 打开显卡的属性对话框，选择【监视器】选项卡，在【屏幕刷新频率】下拉列表框中选择【60 赫兹】选项，单击【确定】按钮，如图 2-47 所示。

图 2-46　　　　　　　　　　　　　　　图 2-47

2.3.7　设置系统声音

在 Windows 10 中，当触发系统事件时，事件将自动发出声音提示，用户可以根据自己的喜好和习惯对事件提示音进行设置，具体方法如下。

(1) 右击【开始】菜单按钮，从弹出的快捷菜单中选择【控制面板】命令，如图 2-48 所示。

(2) 打开【控制面板】窗口，单击其中的【硬件和声音】链接，如图 2-49 所示。

图 2-48

图 2-49

(3) 打开【硬件和声音】窗口，单击其中的【更改系统声音】链接，如图 2-50 所示。

(4) 打开【声音】对话框，在【程序事件】列表框中选中需要修改的系统事件【关闭程序】，然后单击【声音】下拉列表按钮，从弹出的下拉列表中选中想要的声音效果 ding，单击【确定】按钮即可完成设置，如图 2-51 所示。

图 2-50

图 2-51

2.3.8 创建用户账户

Windows 10 允许每个使用计算机的用户建立自己的专用工作环境。每个用户都可以为自己建立用户账户并设置密码，只有在正确输入用户名和密码之后，才可以进入系统。管理用户账户的最基本操作就是创建账户。用户在安装 Windows 10 的过程中，第一次启动时建立的用户账户就属于"管理员"类型的账户。在系统中，只有"管理员"类型的账户才能创建用户账户。接下来，我们创建一个用户名为"浮云"的本地标准用户账户。

(1) 右击【开始】菜单按钮，从弹出的快捷菜单中选择【控制面板】命令，打开【控制面板】窗口，如图 2-52 所示。

(2) 在【控制面板】窗口中单击【用户账户】图标，如图 2-53 所示。

第 2 章　Windows 10 操作系统

图 2-52　　　　　　　　　　　　　　图 2-53

(3) 打开【用户账户】窗口，单击【用户账户】超链接，打开【更改账户信息】窗口，单击【管理其他账户】链接，如图 2-54 所示。

(4) 打开【管理账户】窗口，单击【在电脑设置中添加新用户】链接，如图 2-55 所示。

图 2-54　　　　　　　　　　　　　　图 2-55

(5) 打开【家庭和其他人员】窗口，单击【将其他人添加到这台电脑】前面的加号按钮，如图 2-56 所示。

(6) 在打开的界面中单击【我没有这个人的登录信息】链接，如图 2-57 所示。

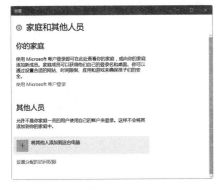

图 2-56　　　　　　　　　　　　　　图 2-57

(7) 在打开的界面中单击【添加一个没有 Microsoft 账户的用户】链接，如图 2-58 所示。

(8) 此时进入本地账户的创建界面，输入用户名、密码及密码提示，然后单击【下一步】按钮，如图 2-59 所示。

图 2-58　　　　　　　　　　　　　　图 2-59

(9) 返回到【家庭和其他人员】窗口，此时【其他人员】区域中将显示新建的本地用户账户"浮云"，单击"浮云"账户，然后继续单击显示出来的【更改账户类型】按钮，如图 2-60 所示。

(10) 弹出【更改账户类型】界面，在【账户类型】下拉列表框中选择【标准用户】选项，然后单击【确定】按钮即可完成设置，如图 2-61 所示。

图 2-60　　　　　　　　　　　　　　图 2-61

如果想要将标准用户账户改为管理员用户账户，那么可以打开【管理账户】窗口，单击新建的"浮云"标准用户账户，打开【更改账户】窗口。单击【更改账户类型】链接，如图 2-62 所示，打开【更改账户类型】窗口。选中【管理员】单选按钮，然后单击【更改账户类型】按钮，即可将标准用户账户改为管理员用户账户，如图 2-63 所示。

第 2 章　Windows 10 操作系统

图 2-62

图 2-63

2.4　管理系统软硬件

Windows 10 系统的正常运行离不开软件和硬件的支持，硬件设备是计算机系统中最基础的组成部分，而软件应用则是通过人机互动控制计算机运行的必要条件。用户只有管理好软件和硬件，计算机才能正常运行，发挥其应有的作用。

2.4.1　卸载软件

卸载软件时可采用两种方法：一种是使用【开始】菜单提供的卸载功能，另一种是使用【程序和功能】窗口。

- 打开【开始】菜单，右击需要卸载的软件的图标，从弹出的快捷菜单中选择【卸载】命令。在弹出的对话框中单击【卸载】按钮，此时，指定的软件将自动开始进行卸载。
- 打开【控制面板】窗口，单击其中的【卸载程序】链接，用户可在打开的【程序和功能】窗口中卸载系统中安装的软件。

接下来，我们通过【程序和功能】窗口卸载操作系统中安装的软件。

(1) 右击【开始】菜单按钮，从弹出的快捷菜单中选择【控制面板】命令，如图 2-64 所示。

(2) 打开【控制面板】窗口，单击其中的【卸载程序】链接，如图 2-65 所示。

(3) 打开【程序和功能】窗口，右击列表框中需要卸载的程序，从弹出的菜单中选择【卸载/更改】命令，如图 2-66 所示。

(4) 此时弹出软件卸载对话框(不同软件的卸载界面是不一样的)，单击【继续卸载】按钮开始卸载软件，如图 2-67 所示。

图 2-64

图 2-65

图 2-66

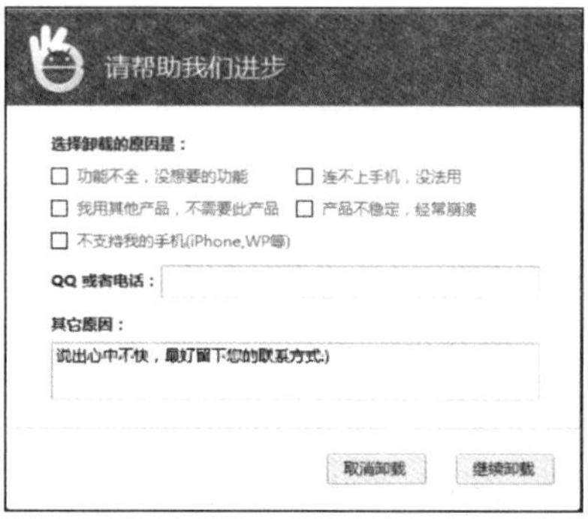

图 2-67

2.4.2 查看硬件设备信息

在 Windows 10 系统中，用户可以查看硬件设备的属性，从而直观地了解硬件设备的详细信息，如设备的性能及运行状态等。

(1) 右击桌面上的【此电脑】图标，从弹出的快捷菜单中选择【属性】命令，如图 2-68 所示。

(2) 打开【系统】窗口，从中可以查看计算机的基本硬件信息，如处理器、内存、安装的操作系统等。然后单击左侧的【设备管理器】链接，如图 2-69 所示。

图 2-68

图 2-69

(3) 打开【设备管理器】窗口，右击想要查看的硬件设备，从弹出的快捷菜单中选择【属性】命令，如图 2-70 所示。

(4) 在打开的对话框中，用户可以查看硬件设备的属性参数，如图 2-71 所示。

图 2-70

图 2-71

2.4.3 更新硬件驱动程序

驱动程序的全称为"设备驱动程序"，其作用是将硬件的功能传递给操作系统，这样操作系统才能控制硬件。

通常在安装新的硬件设备时，系统会提示用户需要为硬件设备安装驱动程序。驱动程序和其他应用程序一样，随着系统软硬件的更新，软件厂商也会对相应的驱动程序进行版本升级，从而通过更新驱动程序来提升计算机硬件的性能。用户可通过光盘或联网等方式安装最新的驱动程序版本。

(1) 打开【设备管理器】窗口，双击【显示适配器】选项，右击显卡的名称，在弹出的快捷菜单中选择【更新驱动程序软件】命令，如图 2-72 所示。

(2) 在打开的对话框中单击【浏览计算机以查找驱动程序软件】，如图 2-73 所示。

图 2-72

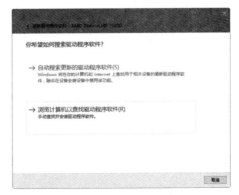
图 2-73

(3) 打开【浏览计算机上的驱动程序文件】对话框，单击【浏览】按钮，设置驱动程序所在的位置，然后单击【下一步】按钮，如图 2-74 所示。

(4) 此时，系统开始自动安装驱动程序。安装完之后，可在【设备管理器】窗口中右击显卡的名称，从弹出的快捷菜单中选择【属性】命令，在打开的对话框中查看驱动程序的信息，如图 2-75 所示。

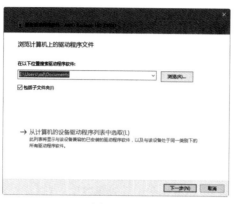
图 2-74

图 2-75

2.5 习题

1. 简述操作系统的功能和分类。
2. 在 Windows 系统中如何管理文件和文件夹？
3. 在 Windows 系统中如何设置屏幕保护程序？
4. 在 Windows 系统中如何更新硬件驱动程序？

第 3 章

WPS Office基础操作

在使用 WPS Office 进行办公文档的处理时,首先要了解 WPS Office 工作界面中各个工具的通用操作,以及有关文件的基础操作。通过掌握这些操作,读者不仅能够更好地了解 WPS Office 的文档制作环境,还能满足一些特色功能的需求,这也是使用 WPS Office 进行日常办公的开始。

本章重点

- WPS Office 操作界面
- 添加命令按钮
- 添加功能区选项卡
- 文件基础操作

二维码教学视频

【例 3-1】 设置功能区
【例 3-2】 设置快速访问工具栏
【例 3-3】 根据模板新建文档
【例 3-4】 设置密码

3.1　WPS Office 操作界面

启动 WPS Office，首先打开的是其【首页】界面，单击左侧竖排的【新建】按钮，如图 3-1 所示，即可打开【新建】界面。

图 3-1

3.1.1　【新建】界面

【新建】界面的左侧栏会显示诸如【新建文字】【新建表格】【新建演示】等创建各类文档的选项卡，不同选项卡界面会显示不同类型文档的各种模板(有些需要交费使用)，单击其中一个模板即可创建文档，图 3-2 为【新建文字】的模板界面。

图 3-2

3.1.2 文字文稿工作界面

创建文档后，即可显示文档界面，这里以【新建空白文字】创建的【文字文稿1】为例，展示文档工作界面内容。【文字文稿1】文档工作界面主要由标题栏、功能区、文档编辑区、状态栏、任务窗格按钮等组成，如图3-3所示。

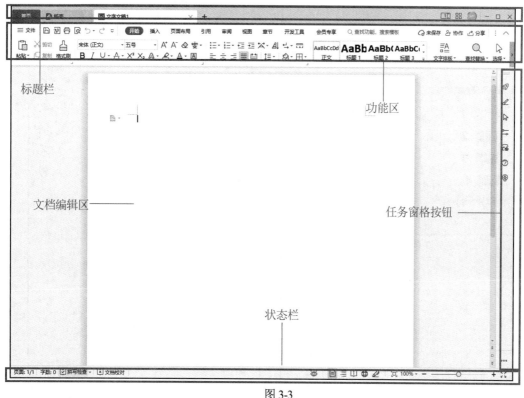

图 3-3

▽ 标题栏：标题栏位于窗口的顶端，用于显示当前正在运行的程序名及文件名等信息。标题栏最右端有3个按钮，分别用来控制窗口的最小化、最大化和关闭。此外还包含会员图标、【应用市场】按钮，【WPS随行】按钮等，可以打开会员账号、应用市场及随行移动设备等菜单执行操作。

▽ 功能区：功能区是完成文本格式操作的主要区域。在默认状态下，功能区主要包含【文件】按钮、快速访问工具栏，以及【开始】【插入】【页面布局】【引用】【审阅】【视图】【章节】【开发工具】等多个基本选项卡中的工具按钮。

▽ 文档编辑区：文档编辑区就是输入文本、添加图形和图像，以及编辑文档的区域，用户对文本进行的操作结果都将显示在该区域。

▽ 状态栏：状态栏位于窗口的底部，会显示当前文档的信息，如当前显示的文档是第几页、第几节，以及当前文档的字数等。状态栏中还可以显示一些特定命令的工作状态。状态

栏中间有视图按钮,用于切换文档的视图方式。另外,通过拖动右侧显示比例中的滑块,可以直观地改变文档编辑区的大小。

▽ 任务窗格按钮:在右侧的任务窗格按钮中,可以单击各个按钮快捷打开各任务窗格进行设置。图3-4所示为单击【样式和格式】按钮后打开的【样式和格式】任务窗格,图3-5所示为单击【帮助中心】按钮后打开的【帮助中心】任务窗格。

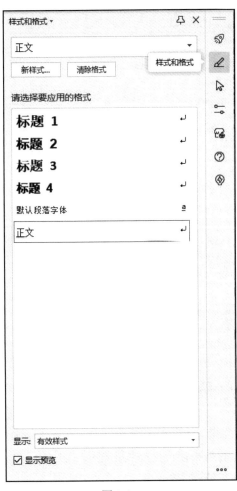

图 3-4

图 3-5

3.1.3 表格和演示的工作界面

除了文字文档的工作界面,经常使用的 WPS Office 文档还包括表格和演示的文档文件,要新建这些文档很简单,只需在【新建】界面中单击【新建表格】选项卡,如图3-6所示,或单击【新建演示】选项卡,如图3-7所示,即可打开相关创建模板的界面。

分别单击界面中的【新建空白表格】选项和【新建空白演示】选项,将自动创建空白表格和空白演示,其工作界面如图3-8和图3-9所示,具体的界面组成将在后面的相关章节中详细介绍。

第 3 章 WPS Office 基础操作

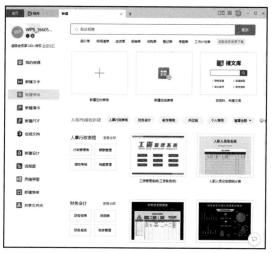

图 3-6

图 3-7

图 3-8

图 3-9

3.1.4 稻壳儿模板

WPS Office 里面的稻壳儿(Docer 谐音，即 Doc+er)是金山办公旗下专注办公领域内容服务的平台品牌。其拥有海量优质的原创 Office 素材模板及办公文库、职场课程、H5、思维导图等资源，前身是 2008 年诞生的【WPS 在线模板】，2013 年全面升级为稻壳儿。近年来，稻壳儿不断丰富、优化办公内容资源，提供智能、精准的办公内容服务，帮助用户提升办公效率，是国内领先的一站式多功能办公内容服务平台。

在 WPS Office 界面的标题栏中选择【稻壳】选项，即可打开稻壳儿的主界面，里面有海量的相关资源，如模板、素材、文库、AI 应用等，如图 3-10 所示。

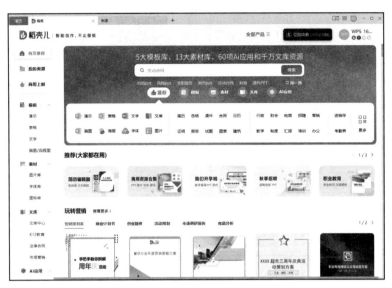

图 3-10

下面简单介绍稻壳儿的相关特色。

▽ 资源丰富，内容多样：从文字、表格、演示素材模板到图标、脑图、海报、字体、图片等，汇集了海量的各类办公资源。图 3-11 所示为脑图/流程图的多种模板选择界面。

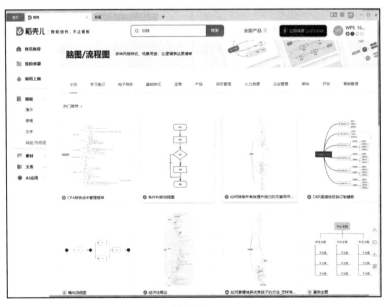

图 3-11

▽ 海量文库，一站式学习：提供了营销策划、商业计划书、劳动合同、述职报告、成人自考、总结汇报、试卷试题、毕业论文等多种形式的资料，为职场人士提供提升知识储备、职场能力的内容服务。图 3-12 所示为文库中法律合同的文字资料，用户可选择使用。

第 3 章 WPS Office 基础操作

图 3-12

▽ 智能服务，办公无忧：依托 AI 等技术，提供智能化办公场景工具，如简历助手、简历定制、专业合同审查等智能服务。图 3-13 所示为【AI 应用】下"WPS 稻壳简历智能助手"的界面。

图 3-13

3.2 设置界面元素

WPS Office 具有统一风格的界面，但为了方便操作，用户可以对软件的工作环境进行自定义设置，如设置功能区和快速访问工具栏等。本节将以文字文稿为例介绍设置界面元素的操作。

3.2.1 添加功能区选项卡和命令按钮

WPS Office 中的功能区将所有选项功能巧妙地集中在一起，以便用户查找与使用。用户可以根据需要，在功能区中添加新选项卡和命令按钮。

【例 3-1】 在功能区中添加新选项卡、新组和命令按钮。 视频

(1) 在 WPS Office 中打开一个文字文稿文件，单击【文件】按钮，在弹出的菜单中选择【选项】命令，如图 3-14 所示。

(2) 打开【选项】对话框，选择【自定义功能区】选项卡，单击【新建选项卡】按钮，如图 3-15 所示。

图 3-14

图 3-15

(3) 此时，在【自定义功能区】选项组的【主选项卡】列表框中显示【新建选项卡(自定义)】和【新建组(自定义)】选项卡，勾选【新建选项卡(自定义)】复选框，单击【重命名】按钮，如图 3-16 所示。

(4) 打开【重命名】对话框，在【显示名称】文本框中输入"常用"，单击【确定】按钮，如图 3-17 所示。

图 3-16

图 3-17

(5) 在【自定义功能区】选项组的【主选项卡】列表框中选择【新建组(自定义)】选项,单击【重命名】按钮,如图 3-18 所示。

(6) 打开【重命名】对话框,输入"特殊格式",然后单击【确定】按钮,如图 3-19 所示。

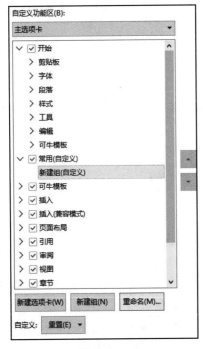

图 3-18

图 3-19

(7) 返回至【选项】对话框，在【主选项卡】列表框中显示重命名后的选项卡和组，在【从下列位置选择命令】下拉列表中选择【主选项卡】选项，并在下方的列表框中选择需要添加的按钮，这里选择【首字下沉】选项，单击【添加】按钮，即可将其添加到新建的【特殊格式(自定义)】组中，单击【确定】按钮，如图 3-20 所示。

(8) 返回至文字文稿工作界面，此时显示【常用】选项卡，选中该选项卡，即可看到添加的【首字下沉】按钮，如图 3-21 所示。

图 3-20

图 3-21

3.2.2 在快速访问工具栏中添加命令按钮

快速访问工具栏包含一组独立于当前所显示选项卡的命令，是一个可自定义的工具栏。用户可以快速地自定义常用的命令按钮，单击【自定义快速访问工具栏】按钮，从弹出的菜单中选择一种命令，然后将该命令按钮添加到快速访问工具栏中。

【例 3-2】 添加快速访问工具栏中的命令按钮。 视频

(1) 在 WPS Office 中打开一个文字文稿文件，在快速访问工具栏中单击【自定义快速访问工具栏】按钮，在弹出的菜单中选择【新建】命令，将【新建】按钮添加到快速访问工具栏中，如图 3-22 和图 3-23 所示。

(2) 单击【自定义快速访问工具栏】按钮，在弹出的菜单中选择【其他命令】命令，打开【选项】对话框，选择【快速访问工具栏】选项卡，在【从下列位置选择命令】下拉列表中选择【常用命令】选项，并且在下面的列表框中选择【另存为】选项，然后单击【添加】按钮，将【另存为】按钮添加到【当前显示的选项】列表框中，单击【确定】按钮，如图 3-24 所示。

(3) 完成快速访问工具栏的设置。此时，快速访问工具栏的效果如图 3-25 所示。

第 3 章　WPS Office 基础操作

图 3-22

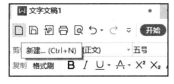

图 3-23

图 3-24

图 3-25

3.2.3　设置界面皮肤

WPS Office 的界面皮肤可以更换，用户可以调整到令自己舒适的界面，这样不仅美观还更让人得心应手。

首先启动 WPS Office 的首页，单击右侧的【稻壳皮肤】按钮，如图 3-26 所示。打开【皮肤中心】界面，可以看到默认采用的是【清爽】风格的界面皮肤，如图 3-27 所示。

选择一款心仪的界面皮肤样式，如【轻松办公】选项，如图 3-28 所示。此时 WPS Office 的界面皮肤就发生了改变，如图 3-29 所示。以该界面新建的各种文档界面，也会跟随该界面的皮肤发生更改。

图 3-26　　　　　　　　　　　　　　图 3-27

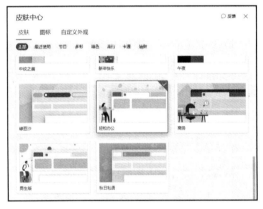

图 3-28　　　　　　　　　　　　　　图 3-29

3.3　文件基础操作

　　WPS Office 不同组件中生成的文件类型虽然不同，但最基础的文件操作是通用的，包括新建和保存文件、为文件设置密码等操作。下面以文字文档为例介绍文件的基础操作。

3.3.1　新建和保存文件

　　前面介绍了新建空白文字文档的方法，用户还可以根据 WPS Office 提供的模板来快速创建文件。新建文件后，需要保存文件以便日后修改和编辑。

【例 3-3】 根据模板新建文字文档并加以保存。 视频

(1) 启动 WPS Office，单击【新建】按钮，如图 3-30 所示。

(2) 打开【新建】界面，选择【新建文字】选项卡，在【人资行政】选项区域中选择【行政公文】选项，如图 3-31 所示。

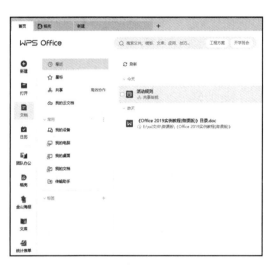

图 3-30

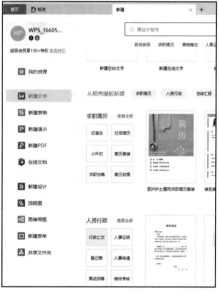

图 3-31

(3) 此时进入【行政公文】模板界面，选择【会议通知】模板，单击【立即使用】按钮，如图 3-32 所示。

(4) 进入模板下载界面，单击【立即下载】按钮开始下载模板，如图 3-33 所示。

图 3-32

图 3-33

(5) 此时 WPS Office 创建了一份会议通知文档，接下来用户可以根据自己的需要对这个文档进行修改和添加内容，如图 3-34 所示。

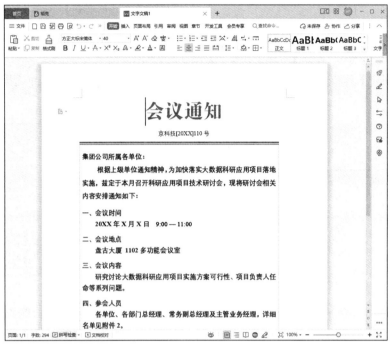

图 3-34

(6) 下面执行保存文档的操作，单击【文件】按钮，在弹出的下拉菜单中选择【保存】选项，如图 3-35 所示。

(7) 在打开的【另存文件】对话框中选择文件的保存位置，在【文件名】文本框中输入文件名称"8 月会议通知"，在【文件类型】下拉列表中选择文件类型为【WPS 文字文件(*.wps)】，然后单击【保存】按钮，如图 3-36 所示。

图 3-35

图 3-36

(8) 此时可以看到文档的名称已经改变，通过以上步骤即可完成保存文档的操作，如图 3-37 所示。

图 3-37

> **提示**
>
> 用户还可以按 Ctrl+S 组合键，直接打开【另存文件】对话框。用户如果对已有文档编辑完成后，想要重新保存为另一个文档，可以选择【文件】|【另存为】命令。

3.3.2 打开和关闭文件

用户可以将计算机中保存的文件打开进行查看和编辑，同样可以将编辑完成或不需要的文件关闭。

首先在 WPS Office 首页中单击【打开】按钮，如图 3-38 所示。在打开的【打开文件】对话框中选择文件所在位置，选中"8 月会议通知.wps"文件，单击【打开】按钮，即可完成打开文档的操作，如图 3-39 所示。

图 3-38   图 3-39

如果要关闭文档，则单击文档名称右侧的【关闭】按钮。如果要关闭整个 WPS Office 界面，则在标题栏中单击最右侧的【关闭】按钮。

3.3.3 设置文件密码

在工作中，如果有涉及商业机密的文件或记载有重要内容的文件不希望被人随意打开时，可以为该文件设置打开密码。想要打开该文件，就必须输入正确的密码。如果希望其他人只能以【只读】方式打开文件，不能对文件进行编辑，也可以为该文件设置编辑密码。

【例 3-4】 为文件设置密码。

(1) 启动 WPS Office，打开一个文字文稿文件，单击【文件】按钮，在弹出的下拉菜单中选择【文档加密】|【密码加密】命令，如图 3-40 所示。

(2) 打开【密码加密】对话框，在【打开权限】栏中设置打开文件的密码(如 123)，在【编辑权限】栏中设置编辑文件的密码(如 456)，然后单击【应用】按钮，如图 3-41 所示。

图 3-40　　　　　　　　　　　　　　图 3-41

(3) 保存该文件，关闭后再次打开该文件时，会弹出【文档已加密】对话框，输入正确的打开密码，单击【确定】按钮，如图 3-42 所示；然后弹出【文档已设置编辑密码】对话框，可以输入编辑密码再单击【解锁编辑】按钮进行编辑，或者不输入密码，单击【只读打开】按钮，打开的只读文件不可编辑，如图 3-43 所示。

图 3-42　　　　　　　　　　　　　　图 3-43

3.4　习题

1. 简述 WPS 文字文稿工作界面的组成部分。
2. 如何添加功能区选项卡和命令按钮?
3. 如何设置文件密码?

第 4 章

输入与编辑文字

文本是组成段落的最基本内容,任何一个文档都是从段落文本开始进行编辑的。本章将主要介绍输入文本、查找与替换文本、设置文本和段落格式等操作,这是整个文档编辑过程的基础。

本章重点

- 输入文本
- 设置段落格式
- 设置文本
- 设置项目符号和编号

二维码教学视频

【例 4-1】 输入文字
【例 4-2】 输入日期和时间
【例 4-3】 输入符号
【例 4-4】 替换文本
【例 4-5】 设置文本
【例 4-6】 设置字符间距

本章其他视频参见教学视频二维码

4.1 输入文本

在 WPS Office 中创建文档后,即可在文档中输入内容,包括输入基本字符、日期和时间、特殊字符等。此外,用户还可以删除、改写、移动、复制及替换已经输入的文本内容。

4.1.1 输入基本字符

新建空白文档后,用户可以根据需要在文档中输入任意内容。下面详细介绍在文档中输入基本字符的方法。

1. 输入英文

在英文状态下,通过键盘可以直接输入英文、数字及标点符号,需要注意以下几点。

▽ 按 Caps Lock 键可输入英文大写字母,再次按该键可输入英文小写字母。
▽ 按 Shift 键的同时按双字符键将输入上档字符,按 Shift 键的同时按字母键将输入英文大写字母。
▽ 按 Enter 键,插入点自动移到下一行行首。
▽ 按空格键,在插入点的左侧插入一个空格符号。

2. 输入中文

用户可以直接使用系统自带的中文输入法,或者安装中文输入法,如微软拼音、智能 ABC 等进行输入中文的操作。

> **提示**
> 选择中文输入法可以通过单击任务栏上的输入法指示图标来完成。在 Windows 桌面的任务栏中,单击代表输入法的图标,在弹出的输入法列表中选择要使用的输入法即可。

【例 4-1】 创建名为"问卷调查"的文档,输入文字。 视频

(1) 启动 WPS Office,新建一个空白文字文稿文件,并以"问卷调查"为名保存,如图 4-1 所示。

图 4-1

(2) 选择中文输入法,按空格键,将插入点移至页面中央位置。输入标题"大学生问卷调查",如图 4-2 所示。

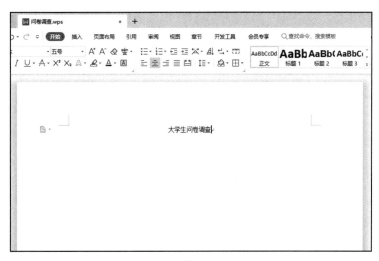

图 4-2

(3) 按 Enter 键,将插入点跳转至下一行的行首,继续输入中文文本。使用同样的方法输入文本内容,如图 4-3 所示。

图 4-3

(4) 单击快速访问工具栏中的【保存】按钮保存文件。

4.1.2 输入日期和时间

在文字文稿中输入文字时,可以使用插入日期和时间功能来输入当前日期和时间。

【例4-2】 在文档中输入日期和时间。

(1) 继续"问卷调查"文档中的输入,将插入点定位在文档末尾,按Enter键换行,在【插入】选项卡中单击【日期】按钮,如图4-4所示。

(2) 打开【日期和时间】对话框,在【可用格式】列表框中选择一种日期格式,单击【确定】按钮,如图4-5所示。

图4-4

图4-5

(3) 此时在文档中插入该日期,单击【开始】选项卡中的【右对齐】按钮,将该文字移动至该行最右侧,如图4-6所示。

图4-6

提示

在【日期和时间】对话框的【可用格式】列表框中也可以选择一种时间格式，单击【确定】按钮即可插入。

4.1.3 输入特殊符号

用户还可以在 WPS Office 文档中输入特殊符号，下面介绍输入特殊符号的方法。

【例 4-3】 在文档中输入符号。

(1) 继续"问卷调查"文档中的输入，将插入点定位在第 5 行文本"是"前面，打开【插入】选项卡，单击【符号】下拉按钮，从弹出的菜单中选择【其他符号】命令，如图 4-7 所示。

(2) 打开【符号】对话框，在【符号】选项卡中选择一种空心圆形符号，然后单击【插入】按钮，即可输入符号，如图 4-8 所示。

图 4-7

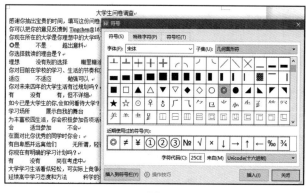
图 4-8

(3) 使用同样的方法，在文本中插入相同符号，如图 4-9 所示。

(4) 在【符号】对话框中还可以选择【特殊字符】选项卡，选择准备插入的字符，然后单击【插入】按钮，如图 4-10 所示。

图 4-9

图 4-10

4.1.4 插入和改写文本

用户在编辑文字时应该注意改写和插入两种状态，如果切换到了改写状态，此时在某一行文字中间插入文字时，新输入的文字将会覆盖原先位置的文字，输入文本的时候需要注意这一点。

例如，在文档中右击状态栏的空白处，在弹出的快捷菜单中选择【改写】命令，如图 4-11 所示。将光标定位在"动"字的左侧，使用输入法输入"乱"字，如图 4-12 所示。

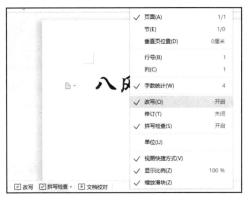

图 4-11　　　　　　　　　　　　　　图 4-12

此时可以看到原来光标右侧的文字已被新的文字替换，完成在改写状态下输入文本的操作，如图 4-13 所示。要改为默认的【插入】文字的状态，只需右击状态栏的空白处，在弹出的快捷菜单中关闭【改写】命令即可。

图 4-13

4.1.5 移动和复制文本

在文字文档中需要重复输入文本时，可以使用移动或复制文本的方法进行操作，这样可以节省时间，加快输入和编辑的速度。

1．移动文本

移动文本是指将当前位置的文本移到另外的位置，在移动的同时，会删除原来位置上的原版文本。移动文本后，原位置的文本消失。移动文本有以下几种方法。

- ▽ 选择需要移动的文本，按 Ctrl+X 组合键，在目标位置处按 Ctrl+V 组合键。
- ▽ 选择需要移动的文本，在【开始】选项卡中，单击【剪切】按钮，在目标位置处单击【粘贴】按钮。
- ▽ 选择需要移动的文本，按下鼠标右键拖动至目标位置，松开鼠标后会弹出一个快捷菜单，在其中选择【移动到此位置】命令。
- ▽ 选择需要移动的文本后，右击鼠标，在弹出的快捷菜单中选择【剪切】命令，在目标位置处右击鼠标，在弹出的快捷菜单中选择【粘贴】命令。
- ▽ 选择需要移动的文本后，按住鼠标左键不放，此时鼠标光标变为形状，并出现一条虚线，移动鼠标光标，当虚线移动到目标位置时，释放鼠标即可将选取的文本移动到该处。

2．复制文本

复制文本是指将要复制的文本移动到其他位置，而原版文本仍然保留在原来的位置。复制文本有以下几种方法。

- ▽ 选取需要复制的文本，按 Ctrl+C 组合键，把插入点移到目标位置，再按 Ctrl+V 组合键。
- ▽ 选取需要复制的文本，在【开始】选项卡中，单击【复制】按钮，将插入点移到目标位置处，单击【粘贴】按钮。
- ▽ 选取需要复制的文本，按下鼠标右键拖动到目标位置，松开鼠标会弹出一个快捷菜单，在其中选择【复制到此位置】命令。
- ▽ 选取需要复制的文本，右击鼠标，从弹出的快捷菜单中选择【复制】命令，把插入点移到目标位置，右击鼠标，从弹出的快捷菜单中选择【粘贴】命令。

4.1.6 查找和替换文本

在篇幅比较长的文档中，使用 WPS Office 提供的查找与替换功能，可以快速地找到文档中的某个信息或更改全文中多次出现的词语，从而无须反复地查找文本，使操作变得较为简单并提高效率。

【例 4-4】 在文档中查找文本"你"，并将其替换为"您"。 视频

(1) 继续使用"问卷调查"文档，在【开始】选项卡中单击【查找替换】下拉按钮，在弹出的菜单中选择【替换】命令，如图 4-14 所示。

(2) 打开【查找和替换】对话框，在【查找内容】文本框中输入"你"，在【替换为】文本框中输入"您"，单击【全部替换】按钮，如图 4-15 所示。

图 4-14　　　　　　　　　　　　图 4-15

(3) 此时会弹出【WPS 文字】提示框，提示替换完成，单击【确定】按钮，如图 4-16 所示。

(4) 关闭【查找和替换】对话框，查看替换效果，如图 4-17 所示。

图 4-16　　　　　　　　　　　　图 4-17

4.2　设置文本和段落格式

为了使文档更加美观、条理更加清晰，通常需要对文本进行格式化操作。设置段落格式主要是指设置段落的对齐方式、段落缩进，以及段落间距和行距等。

4.2.1 设置字体和颜色

在文档中输入文本内容后,用户可以对文本的字体和颜色进行设置。

【例 4-5】 设置文本的字体、字号和颜色。 📹视频

(1) 继续使用"问卷调查"文档,选中标题文本,在【开始】选项卡中单击【字体】旁的下拉按钮,选择【华文行楷】字体,如图 4-18 所示。

(2) 单击【字号】下拉按钮,在弹出的列表中选择【二号】选项,如图 4-19 所示。

图 4-18

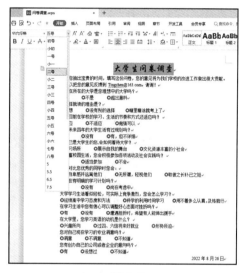

图 4-19

(3) 单击【字体颜色】下拉按钮,在弹出的颜色列表中选择【红色】选项,如图 4-20 所示。

(4) 此时的字体颜色已经被更改,通过以上步骤即可完成设置字体和颜色的操作,效果如图 4-21 所示。

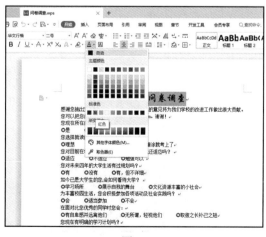

图 4-20

图 4-21

4.2.2 设置字符间距

字符间距是指文本中两个字符间的距离，包括三种类型："标准""加宽"和"紧缩"。下面介绍设置字符间距的方法。

【例4-6】 设置文本的字符间距。 视频

(1) 继续使用"问卷调查"文档，选中标题文本并右击，在弹出的快捷菜单中选择【字体】命令，如图4-22所示。

(2) 在打开的【字体】对话框中选择【字符间距】选项卡，在【间距】下拉列表中选择【加宽】选项，在【值】微调框中输入数值"0.1"，单击【确定】按钮，即可完成设置字符间距的操作，如图4-23所示。

图 4-22　　　　　　　　　　　　图 4-23

4.2.3 设置字符边框和底纹

设置字符边框是指为文字四周添加线型边框，设置字符底纹是指为文字添加背景颜色。下面介绍设置字符边框和底纹的方法。

【例4-7】 设置文本的字符边框和底纹。 视频

(1) 继续使用"问卷调查"文档，选中标题文本，在【开始】选项卡中单击【字符底纹】按钮，即可为文本添加底纹效果，如图4-24所示。

 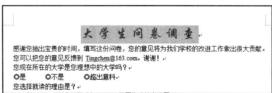

图 4-24

(2) 选中下面一段文本,在【开始】选项卡中单击【边框】按钮,如图 4-25 所示。

(3) 此时,选中的文本已经添加了边框效果,如图 4-26 所示,然后保存文档。

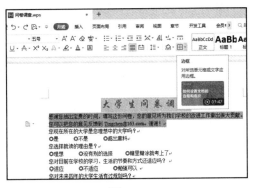
图 4-25

图 4-26

4.2.4 设置段落的对齐方式

段落的对齐方式共有五种,分别为文本左对齐、居中对齐、文本右对齐、两端对齐和分散对齐。下面介绍设置段落对齐方式的方法。

【例 4-8】 设置段落对齐的方式。 视频

(1) 继续使用"问卷调查"文档,选中边框文本段落,在【开始】选项卡中单击【居中对齐】按钮,如图 4-27 所示。

(2) 此时选中的文本段落已变为居中对齐显示效果,如图 4-28 所示。

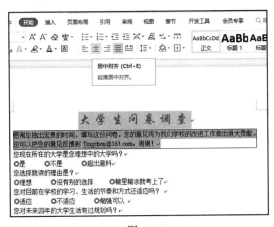
图 4-27

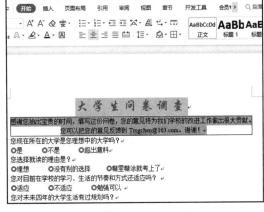
图 4-28

4.2.5 设置段落缩进

设置段落缩进可以使文本变得工整,从而清晰地表现文本层次。下面详细介绍设置段落缩进的方法。

【例 4-9】设置段落缩进。

(1) 继续使用"问卷调查"文档，选中文本段落并右击，在弹出的快捷菜单中选择【段落】命令，如图 4-29 所示。

(2) 在打开的【段落】对话框中选择【缩进和间距】选项卡，在【缩进】区域的【特殊格式】下方选择【首行缩进】选项，在右侧的【度量值】微调框中输入数值"2"，单击【确定】按钮，如图 4-30 所示。

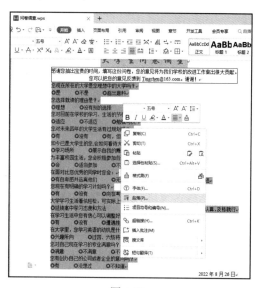

图 4-29

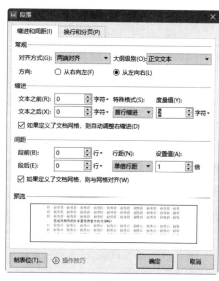

图 4-30

(3) 此时，光标所在段落已经显示为首行缩进 2 个字符，通过以上步骤即可完成设置段落缩进的操作，如图 4-31 所示。

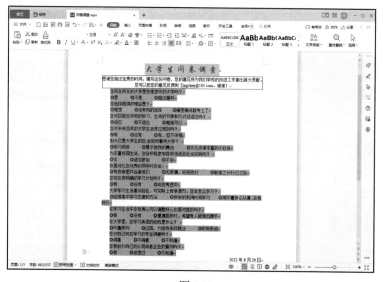

图 4-31

4.2.6 设置段落间距

段落间距的设置包括对文档行间距与段间距的设置。其中，行间距是指段落中行与行之间的距离；段间距是指前后相邻段落之间的距离。下面详细介绍设置段落间距的方法。

【例 4-10】 设置段落间距。

(1) 继续使用"问卷调查"文档，选中文本段落，在【开始】选项卡中单击【行距】下拉按钮，在弹出的菜单中选择【1.5】选项，如图 4-32 所示。

(2) 此时，选中段落的行距已被改变，如图 4-33 所示。

图 4-32　　　　　　　　　　图 4-33

(3) 右击文本段落，在弹出的快捷菜单中选择【段落】命令，在打开的【段落】对话框中选择【缩进和间距】选项卡，在【间距】区域中设置【段前】和【段后】微调框的数值都是"0.5"，单击【确定】按钮，如图 4-34 所示。

(4) 此时，选中段落的间距已被改变，如图 4-35 所示。

图 4-34　　　　　　　　　　图 4-35

4.3 设置项目符号和编号

使用项目符号和编号，可以对文字中并列的项目进行组织，或者将内容的顺序进行编号，以使这些项目的层次结构更加清晰、更有条理。

4.3.1 添加项目符号和编号

要添加项目符号和编号，首先选取要添加项目符号和编号的段落，打开【开始】选项卡，单击【项目符号】按钮，将自动在每一段落前面添加项目符号；单击【编号】按钮，将以"1." "2." "3."的形式编号。

若用户要添加其他样式的项目符号和编号，可以打开【开始】选项卡，单击【项目符号】旁的下拉按钮，从弹出的如图 4-36 所示的下拉菜单中选择项目符号的样式；单击【编号】下拉按钮，从弹出的如图 4-37 所示的下拉菜单中选择编号的样式。

图 4-36

图 4-37

【例 4-11】 在文档中添加项目符号和编号。 视频

(1) 继续使用"问卷调查"文档，选中文档中需要设置编号的文本，如图 4-38 所示。

(2) 在【开始】选项卡中单击【编号】下拉按钮，从弹出的下拉菜单中选择编号的样式，即可为所选段落添加编号，如图 4-39 所示。

 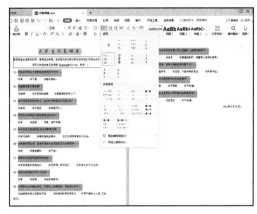

图 4-38　　　　　　　　　　　　　　　图 4-39

(3) 选中文档中需要添加项目符号的文本段落，如图 4-40 所示。

(4) 在【开始】选项卡中单击【项目符号】下拉按钮，从弹出的列表框中选择一种项目样式(此处选择一款免费的稻壳项目符号)，即可为段落添加项目符号，如图 4-41 所示。

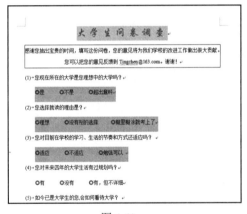 

图 4-40　　　　　　　　　　　　　　　图 4-41

4.3.2　自定义项目符号和编号

在使用项目符号和编号功能时，用户除了可以使用系统自带的项目符号和编号样式，还可以对项目符号和编号进行自定义设置，以满足不同用户的需求。

1. 自定义项目符号

选取项目符号段落，打开【开始】选项卡，单击【项目符号】下拉按钮，在弹出的下拉菜单中选择【自定义项目符号】命令，打开【项目符号和编号】对话框，选择一种项目符号，单击【自定义】按钮，如图 4-42 所示。打开【自定义项目符号列表】对话框，单击【字符】按钮，如图 4-43 所示。

图 4-42

图 4-43

打开【符号】对话框,从中选择合适的符号作为项目符号,单击【插入】按钮,如图 4-44 所示。返回【自定义项目符号列表】对话框,单击【高级】按钮(单击后变为【常规】按钮),设置项目符号的位置及缩进等选项,如图 4-45 所示。

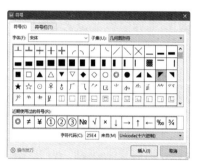
图 4-44

图 4-45

2. 自定义编号

选取编号段落,打开【开始】选项卡,单击【编号】下拉按钮,从弹出的下拉菜单中选择【自定义编号】命令,打开【项目符号和编号】对话框,在【编号】选项卡中选择一种编号,单击【自定义】按钮,如图 4-46 所示。打开【自定义编号列表】对话框,在【编号样式】下拉列表中选择其他编号的样式,并在【起始编号】文本框中输入起始编号;单击【字体】按钮,在打开的对话框中设置项目编号的字体;单击【高级】按钮(单击后变为【常规】按钮),设置编号位置和文字位置等选项,如图 4-47 所示。

图 4-46

图 4-47

4.4 实例演练

聘用合同是公司常用的文档资料之一，企业在遵循法律法规的前提下，可根据自身情况，制定合理、合法、有效的聘用合同。本节以制作聘用合同为例，对本章所学知识点进行综合运用。

【例 4-12】 制作一个"聘用合同"文字文稿。 视频

(1) 启动 WPS Office，新建一个名为"聘用合同"的空白文字文稿，如图 4-48 所示。
(2) 切换至中文输入法，输入以下文本，如图 4-49 所示。

图 4-48   图 4-49

(3) 选择"聘用合同"文字，在【开始】选项卡中设置字体为【宋体】、字号为【初号】【加粗】，单击【居中对齐】按钮设置居中对齐，如图 4-50 所示。

(4) 将光标留在该标题文字中，右击，在弹出的快捷菜单中选择【段落】命令，打开【段落】对话框，在【缩进和间距】选项卡中设置间距【段前】为【4 行】，设置【行距】为【1.5 倍行距】，单击【确定】按钮，如图 4-51 所示。

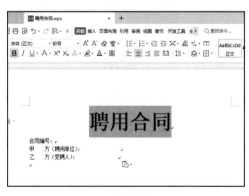

图 4-50   图 4-51

(5) 选中标题文字，在【开始】选项卡中单击【中文版式】按钮，在弹出的下拉列表中选择【调整宽度】命令，如图 4-52 所示。

(6) 打开【调整宽度】对话框，将【新文字宽度】设置为【7 字符】，单击【确定】按钮，如图 4-53 所示。

图 4-52　　　　　　　　　　图 4-53

(7) 选中第二段文字"合同编号:",设置字体为【宋体】、字号为【三号】【加粗】,单击【右对齐】按钮 设置右对齐,效果如图 4-54 所示。

(8) 选中最后两段文字,设置字体为【宋体】、字号为【三号】【加粗】,在【段落】组中不断单击【增加缩进量】按钮 ,即可以一个字符为单位向右侧缩进至合适位置,如图 4-55 所示。

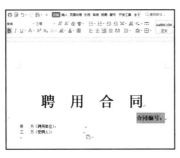 

图 4-54　　　　　　　　　　图 4-55

(9) 选中最后两段文字并调整行距,在【开始】选项卡中单击【行距】按钮,在弹出的下拉列表中选择【2.5】,如图 4-56 所示。

(10) 分别选中最后两段文字调整段前段后间距,打开【段落】对话框,设置第一段段前间距为 8 行,第二段段后间距为 8 行,如图 4-57 所示。

图 4-56　　　　　　　　　　图 4-57

(11) 在"甲方""乙方"的中间和右侧添加合适的空格，选中右侧的空格，在【开始】选项卡的【字体】组中单击【下画线】按钮 ，即可为选中的空格加上下画线，此时合同首页制作完成，如图 4-58 所示。

(12) 将光标置于第二页开头，输入合同正文，如图 4-59 所示。

图 4-58

图 4-59

(13) 选中正文内容，设置字体为【宋体】、字号为【小四】，如图 4-60 所示。

(14) 选中正文内容，打开【段落】对话框，设置【首行缩进】为 2 字符，【行距】为 1.5 倍，如图 4-61 所示。

图 4-60

图 4-61

(15) 选中正文中需要添加项目符号的文字段落，单击【开始】选项卡中的【项目符号】下拉按钮，在下拉列表中选择一种项目符号，如图 4-62 所示。

(16) 在"甲方名称:""代表签字:"等文本后添加下画线,制作完成后保存文档,如图 4-63 所示。

图 4-62

图 4-63

4.5 习题

1. 如何查找和替换文本?
2. 如何设置字符的边框和底纹?
3. 如何设置段落缩进?
4. 如何设置项目符号和编号?

第 5 章

文档的图文混排

在 WPS Office 文档中适当地插入一些图形和图片,不仅会使文章显得生动有趣,还能帮助读者更直观地理解文章内容。本章将主要介绍图片、艺术字、形状、文本框、图表等插入与编辑的操作技巧,用户通过学习可以掌握使用 WPS Office 进行图文排版方面的知识。

本章重点

- 插入图片
- 添加文本框
- 插入艺术字
- 添加表格

二维码教学视频

【例 5-1】 插入图片
【例 5-2】 调整图片大小
【例 5-3】 设置图片环绕方式
【例 5-4】 添加图片轮廓
【例 5-5】 添加艺术字
【例 5-6】 编辑艺术字

本章其他视频参见教学视频二维码

5.1 插入图片

在制作文档的过程中,有时需要插入图片配合文字解说。图片能直观地表达需要表达的内容,既可以美化文档页面,又可以让读者轻松地领会作者想要表达的意图,给读者带来直观的视觉冲击。

5.1.1 插入计算机中的图片

在 WPS Office 文字文档中,可以插入计算机中的图片。下面详细介绍插入计算机中的图片的方法。

【例 5-1】创建"公司简介"文字文稿,输入文字后插入图片。 视频

(1) 启动 WPS Office,新建一个以"公司简介"为名的空白文字文稿,如图 5-1 所示。
(2) 选择中文输入法,输入正文文本,如图 5-2 所示。

图 5-1

图 5-2

(3) 将光标定位在需要插入图片的位置,选择【插入】选项卡,单击【图片】下拉按钮,在弹出的菜单中选择【本地图片】选项,如图 5-3 所示。
(4) 在打开的【插入图片】对话框中选中 2 张图片,单击【打开】按钮,如图 5-4 所示。

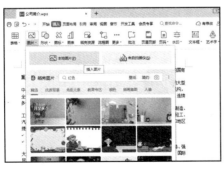
图 5-3

图 5-4

(5) 此时，图片已经插入文档中，通过以上步骤即可完成在文档中插入计算机中的图片的操作，效果如图 5-5 所示。

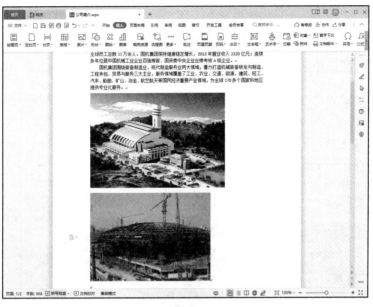

图 5-5

5.1.2 调整图片大小

为了使插入的图片更加符合文档显示效果，用户还可以调整图片的大小。下面详细介绍为图片调整大小的方法。

【例 5-2】调整插入图片的大小。

(1) 继续使用"公司简介"文档，选中图片，拖曳周边的控制点即可调整图片的大小，如图 5-6 所示。

(2) 或者在【图片工具】选项卡的【高度】和【宽度】文本框中输入数值，即可精确控制图片的大小，如图 5-7 所示。

图 5-6

图 5-7

5.1.3 设置图片的环绕方式

在文档中直接插入图片后,如果要调整图片的位置,则应先设置图片的文字环绕方式,再进行图片的调整操作。下面详细介绍设置图片环绕方式的操作方法。

【例 5-3】设置图片的环绕方式。 视频

(1) 继续使用"公司简介"文档,选中左侧图片,在【图片工具】选项卡中单击【文字环绕】下拉按钮,选择【四周型环绕】命令,如图 5-8 所示。

(2) 按住图片往上移动,呈现文字环绕在图片四周,如图 5-9 所示。

图 5-8　　　　　　　　　图 5-9

(3) 选择相同命令,将第 2 张图片也呈四周型环绕状态,如图 5-10 所示。

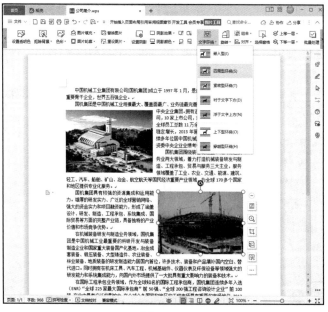

图 5-10

5.1.4 为图片添加轮廓

为了使插入的图片更加美观,还可以为图片添加轮廓效果。下面详细介绍为图片添加轮廓的方法。

【例 5-4】 添加图片轮廓。 视频

(1) 继续使用"公司简介"文档,选中上面的图片,在【图片工具】选项卡中单击【图片轮廓】下拉按钮,选择【线型】|【2.25 磅】命令,如图 5-11 所示。

(2) 选择一种渐变颜色,此时该图边框如图 5-12 所示。

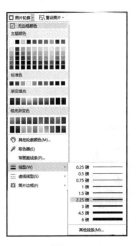

图 5-11

图 5-12

(3) 选中下面的图片,在【图片工具】选项卡中单击【图片轮廓】下拉按钮,选择【虚线线型】|【方点】命令,并保持 2.25 磅的线型,如图 5-13 所示。

(4) 此时,该图轮廓形状如图 5-14 所示。

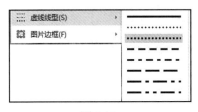

图 5-13

图 5-14

5.2 插入艺术字

为了提升文档的整体显示效果,常常需要应用一些具有艺术效果的文字。WPS Office 提供了插入艺术字的功能,并预设了多种艺术字效果以供选择,用户还可以根据需要自定义艺术字效果。

5.2.1 添加艺术字

在文档中插入艺术字可有效地提高文档的可读性，WPS Office 提供了 15 种艺术字样式，用户可以根据实际情况选择合适的样式来美化文档。

【例 5-5】添加艺术字。

(1) 继续使用"公司简介"文档，选择【插入】选项卡，单击【艺术字】下拉按钮，选择一种艺术字样式，如图 5-15 所示。

(2) 按 Enter 键换行，将艺术字文本框放置于正文上方，如图 5-16 所示。

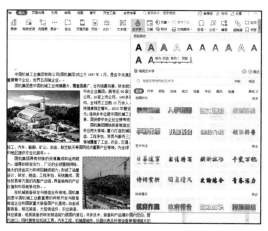

图 5-15

图 5-16

(3) 在艺术字文本框中输入文字内容并调整位置，如图 5-17 所示。

图 5-17

5.2.2 编辑艺术字

添加艺术字后，如果对艺术字的效果不满意，可重新对其进行编辑，主要是对艺术字的样式、填充颜色、边框颜色、填充效果等进行设置。下面介绍编辑艺术字的方法。

【例 5-6】编辑艺术字。

(1) 继续使用"公司简介"文档，选中艺术字文本框，在【文本工具】选项卡中单击【文本填充】下拉按钮，选择一种渐变填充色，如图 5-18 所示。

(2) 单击【形状填充】下拉按钮，选择浅绿色，如图 5-19 所示。

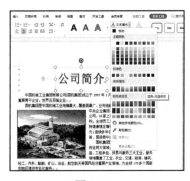
图 5-18

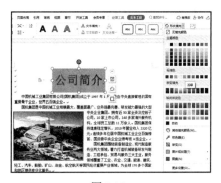
图 5-19

(3) 单击【艺术字样式】框旁的下拉按钮，选择其他艺术字样式，完成编辑艺术字的操作，如图 5-20 所示。

图 5-20

5.3 添加形状

通过 WPS Office 提供的绘制图形功能，用户可以绘制出各种各样的形状，如线条、椭圆和旗帜等，以满足文档设计的需要。用户还可以对绘制的形状进行编辑。本节将介绍在文档中插入与编辑形状的操作方法。

5.3.1 绘制形状

在制作文档的过程中适当地插入一些形状，可以使文档内容更加丰富、形象。下面介绍绘制形状的方法。

【例 5-7】 绘制形状。 视频。

(1) 继续使用"公司简介"文档，选择【插入】选项卡，单击【形状】下拉按钮，在弹出的形状库中选择一种形状，如图 5-21 所示。

(2) 在文档中按 Enter 键换行，当鼠标指针变为十字形状时，在文档中单击并拖动指针绘制形状，拖至适当位置后释放鼠标即可绘制形状，如图 5-22 所示。

图 5-21

图 5-22

(3) 拖动形状上的锚点，可以调整形状的大小，如图 5-23 所示。

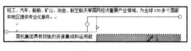

图 5-23

5.3.2 编辑形状

在文档中插入形状图形后，用户可以设置形状图形的格式，如设置形状图形的样式和效果等。

【例 5-8】编辑形状。 视频

(1) 继续使用"公司简介"文档，选中形状图形，在【绘图工具】选项卡中单击【轮廓】下拉按钮，选择【箭头样式】命令，然后选择其中一款双箭头样式，如图 5-24 所示。

(2) 继续单击【轮廓】下拉按钮，选择【线型】|【4.5 磅】命令，如图 5-25 所示。

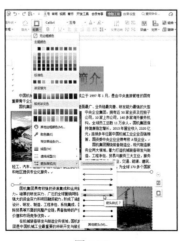

图 5-24

图 5-25

(3) 选择【效果设置】选项卡，单击【阴影效果】下拉按钮，选择一种阴影效果，如图 5-26 所示。

(4) 单击【阴影颜色】下拉按钮，选择绿色阴影，如图 5-27 所示。

图 5-26　　　　　　　　　　　　　　　图 5-27

5.4　添加文本框

若要在文档的任意位置插入文本，可以通过文本框实现。WPS Office 提供的文本框进一步增强了图文混排的功能。通常情况下，文本框用于插入注释、批注或说明性文字。本节将介绍使用文本框的相关知识。

5.4.1　绘制文本框

在文档中可以插入横向、竖向和多行文字文本框，下面以绘制横向文本框为例，介绍插入文本框的方法。

【例 5-9】绘制横向文本框。

(1) 继续使用"公司简介"文档，选择【插入】选项卡，单击【文本框】下拉按钮，选择【横向】命令，如图 5-28 所示。

(2) 当鼠标指针变为十字形状时，在文档中单击并拖动指针绘制文本框，至适当位置释放鼠标即可绘制横向文本框，如图 5-29 所示。

　　　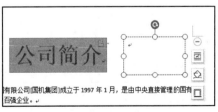

图 5-28　　　　　　　　　　图 5-29

(3) 切换至中文输入法，输入文字内容，如图 5-30 所示。

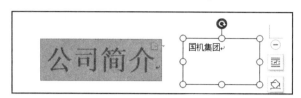

图 5-30

> **提示**
> 横向文本框中的文本是从左到右、从上到下输入的，而竖向文本框中的文本则是从上到下、从右到左输入的。单击【文本框】下拉按钮，在弹出的选项中选择【竖向】选项，即可插入竖向文本框。

5.4.2 编辑文本框

在文档中插入文本框后，还可以根据实际需要对文本框进行编辑。下面介绍编辑文本框的方法。

【例 5-10】 编辑横向文本框。 视频

(1) 继续使用"公司简介"文档，选中文本框，在【开始】选项卡中，设置字体为【方正毡笔黑简体】，字号为【小二】，并拖曳文本框四周锚点，调整文本框的大小，如图 5-31 所示。

(2) 选择【绘图工具】选项卡，单击【填充】下拉按钮，在弹出的颜色库中选择一种填充颜色，如图 5-32 所示。

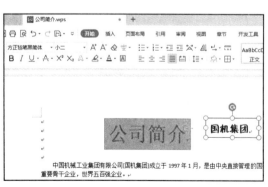

图 5-31

图 5-32

(3) 单击【轮廓】下拉按钮，在弹出的菜单中选择【无边框颜色】命令，如图 5-33 所示。

(4) 选择【效果设置】选项卡，单击【三维效果】下拉按钮，在弹出的菜单中选择一种三维样式，此时的文本框效果如图 5-34 所示。

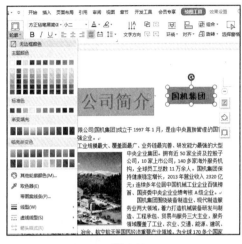

图 5-33

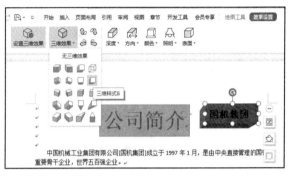

图 5-34

5.5 添加表格

为了更形象地说明问题，我们常常需要在文档中制作各种各样的表格。WPS Office 的文字文稿提供了表格功能，可以快速创建与编辑表格。

5.5.1 插入表格

WPS Office 文字文稿提供了多种创建表格的方法，不仅可以通过示意表格完成对表格的创建，还可以使用对话框插入表格。如果表格比较简单，也可以直接拖动鼠标来绘制表格。

1. 利用示意表格插入表格

在制作 WPS Office 文字文稿时，如果需要插入的表格行数未超过 8 或列数未超过 24，那么可以利用示意表格快速插入表格。下面介绍使用示意表格插入表格的方法。

【例 5-11】 使用示意表格快速插入表格。 视频

(1) 继续使用"公司简介"文档，在合适区域插入空行，然后选择【插入】选项卡，单击【表格】下拉按钮，在弹出的菜单中利用鼠标指针在示意表格中拖出一个 6 行 2 列的表格，如图 5-35 所示。

(2) 此时即可插入表格，完成使用示意表格插入表格的操作，效果如图 5-36 所示。

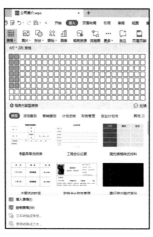

图 5-35

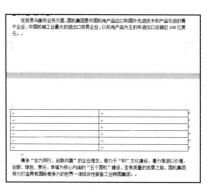

图 5-36

2. 通过对话框插入表格

在 WPS Office 文档中，除了可以利用示意表格快速插入表格，还可以通过【插入表格】对话框插入指定行和列的表格。

首先选择【插入】选项卡，单击【表格】下拉按钮，在弹出的菜单中选择【插入表格】命令，如图 5-37 所示。打开【插入表格】对话框，在【列数】和【行数】微调框中输入数值，单击【确定】按钮即可插入表格，如图 5-38 所示。

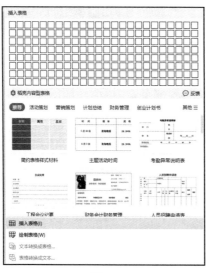

图 5-37

图 5-38

3. 手动绘制表格

在 WPS Office 文档中可以手动绘制指定行和列的表格。首先选择【插入】选项卡，单击【表格】下拉按钮，在弹出的菜单中选择【绘制表格】命令，如图 5-39 所示。当光标变为铅笔样式时，按住鼠标左键不放，在文档合适位置拖曳绘制 6 行 2 列的表格，如图 5-40 所示。

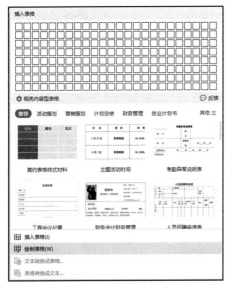
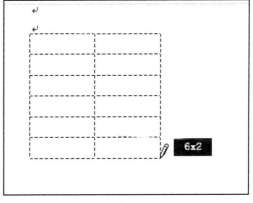

图 5-39　　　　　　　　　　　　　　　图 5-40

5.5.2 编辑表格

表格创建完成后，还需要对其进行编辑操作，如在表格中选定对象，插入行、列和单元格，删除行、列和单元格，合并和拆分单元格，以满足不同用户的需要。

1. 选定行、列和单元格

表格进行格式化之前，首先要选定表格编辑对象，然后才能对表格进行操作。选定表格编辑对象的鼠标操作方式有如下几种。

- ▽ 选定一个单元格：将鼠标移动至该单元格的左侧区域，当光标变为 形状时单击鼠标。
- ▽ 选定整行：将鼠标移动至该行的左侧，当光标变为 形状时单击。
- ▽ 选定整列：将鼠标移动至该列的上方，当光标变为 形状时单击。
- ▽ 选定多个连续单元格：沿被选区域左上角向右下拖曳鼠标。
- ▽ 选定多个不连续单元格：选取第 1 个单元格后，按住 Ctrl 键不放，再分别选取其他的单元格。
- ▽ 选定整个表格：移动鼠标到表格左上角图标 时单击。

2. 插入行、列和单元格

在创建好表格后，经常会因为情况变化或其他原因，需要插入一些新的行、列或单元格。

要向表格中添加行，需要先选定与需要插入行的位置相邻的行，选择的行数和要增加的行数相同，然后打开【表格工具】选项卡，单击【在上方插入行】或【在下方插入行】按钮；插入列的操作与插入行基本类似，只需单击【在左侧插入列】或【在右侧插入列】按钮，如图 5-41 所示。

要插入单元格，首先应选中单元格，右击，在弹出的快捷菜单中选择【插入】|【单元格】命

令,如图 5-42 所示。打开【插入单元格】对话框,如图 5-43 所示,如果要在选定的单元格左边添加单元格,可选中【活动单元格右移】单选按钮,此时增加的单元格会将选定的单元格和此行中其余的单元格向右移动相应的列数;如果要在选定的单元格上边添加单元格,可选中【活动单元格下移】单选按钮,此时增加的单元格会将选定的单元格和此列中其余的单元格向下移动相应的行数,而且在表格最下方也增加了相应数目的行。

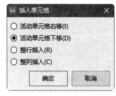

图 5-41　　　　　　　　　图 5-42　　　　　　　　　图 5-43

3. 删除行、列和单元格

选定需要删除的行,或将鼠标放置在该行的任意单元格中,在【表格工具】选项卡中单击【删除】下拉按钮,在打开的菜单中选择【行】命令即可,如图 5-44 所示。删除列的操作与删除行基本类似。

要删除单元格,可先选定若干单元格,然后在【表格工具】选项卡中单击【删除】按钮,在弹出的菜单中选择【单元格】命令,打开【删除单元格】对话框,如图 5-45 所示。选择删除单元格的方式后,单击【确定】按钮即可。

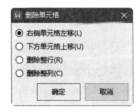

图 5-44　　　　　　　　　　　图 5-45

4. 合并与拆分单元格

在编辑表格的过程中,经常需要将多个单元格合并为一个单元格,或者将一个单元格拆分为多个单元格,此时就要用到合并和拆分功能。

在表格中选取要合并的单元格,打开【表格工具】选项卡,单击【合并单元格】按钮,如图 5-46 所示。此时会删除所选单元格之间的边界,建立起一个新的单元格,并将原来单元格的列宽或行高合并为当前单元格的列宽或行高,如图 5-47 所示。

图 5-46　　　　　　　　　图 5-47

选取要拆分的单元格,打开【表格工具】选项卡,单击【拆分单元格】按钮,打开【拆分单元格】对话框,在【列数】和【行数】文本框中输入列数和行数,单击【确定】按钮,如图5-48所示。此时将按行数和列数拆分单元格,如图5-49所示。

图 5-48

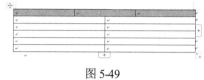
图 5-49

5. 输入表格文本

将插入点定位在表格的单元格中,然后直接利用键盘输入文本。在表格中输入文本,WPS Office 会根据文本的多少自动调整单元格的大小。

【例 5-12】 输入并设置表格文本。

(1) 继续使用"公司简介"文档,在表格中定位光标,输入文字内容,如图 5-50 所示。

(2) 下面调整表格中文字的对齐方式。选中整个表格,选择【表格工具】选项卡,单击【对齐方式】下拉按钮,在弹出的菜单中选择【水平居中】命令,此时表格文本已经水平居中显示,如图 5-51 所示。

图 5-50

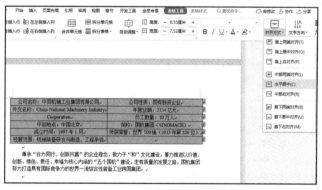
图 5-51

> **提示**
> 在制作表格的过程中,有时需要调整文字的方向,如横向、竖向和倒立等,从而让 WPS Office 文档更美观或者更加符合制作需求。选择【表格工具】选项卡,单击【文字方向】下拉按钮,在弹出的菜单中选择相应的文字方向命令即可完成操作。

6. 设置边框和底纹

用户不仅可以为表格设置边框和底纹,还可以为单个单元格设置边框和底纹。下面介绍设置边框和底纹的方法。

【例 5-13】 设置表格边框和底纹。 视频

(1) 继续使用"公司简介"文档，选中表格第 1 行，选择【表格样式】选项卡，单击【底纹】下拉按钮，在弹出的菜单中选择一种颜色，如图 5-52 所示。

(2) 将光标定位在表格中，在【表格样式】选项卡中单击【边框】下拉按钮，在弹出的菜单中选择【边框和底纹】命令，如图 5-53 所示。

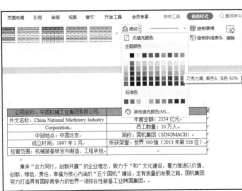

图 5-52

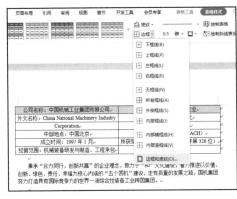

图 5-53

(3) 打开【边框和底纹】对话框，在【边框】选项卡的【设置】区域选择【全部】选项，在【线型】列表框中选择一种线条类型，在【颜色】下拉列表中选择一种颜色，在【宽度】下拉列表中选择【1.5 磅】选项，单击【确定】按钮，如图 5-54 所示。

(4) 通过以上步骤即可完成设置边框和底纹的操作，效果如图 5-55 所示。

图 5-54

图 5-55

提示

用户还可以应用 WPS Office 自带的一些表格样式，以达到快速美化表格的目的。选择【表格样式】选项卡，在【表格样式】下拉菜单中选择一个样式，即可快速应用该表格样式。

5.6 添加各种图表

WPS Office 为用户提供了各种图表，用来丰富文档内容，提高文档的可阅读性。本节将详细介绍在 WPS Office 中插入各类图表的知识。

5.6.1 插入图表

WPS Office 文字文档中提供了多种图表，如柱形图、折线图、饼图、条形图、面积图和散点图等，各种图表各有优点，适用于不同的场合。

要插入图表，可以打开【插入】选项卡，单击【图表】按钮，如图 5-56 所示，打开【图表】窗口。在该窗口中选中一种图表类型后，如图 5-57 所示，即可在文档中插入图表，同时会启动 WPS Office 表格文档，用于编辑图表中的数据，如图 5-58 所示，该操作将在后面表格的相关章节详细介绍。

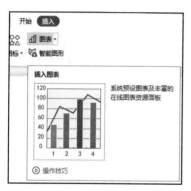

图 5-56

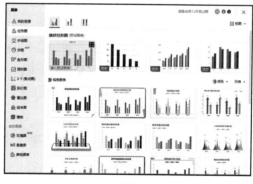

图 5-57

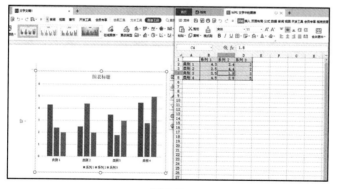

图 5-58

此外，WPS Office 还提供了在线图表，包含更丰富、复杂的图表范例，读者可以直接套用。例如，单击【插入】选项卡下的【图表】|【在线图表】按钮，打开列表框，选择一款动态饼图，如图 5-59 所示。此时在文字文档中插入该图表，并自动打开右侧的图表处理窗格，可以在其中

设置图表的各类选项，如配色、标题、标签、图例等，如图 5-60 所示。

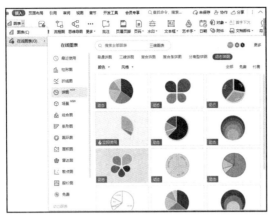
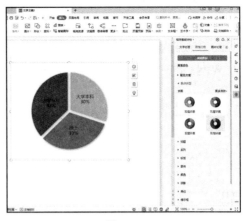

图 5-59　　　　　　　　　　　　　　　　　　图 5-60

5.6.2　插入智能图形

智能图形类似 Office 中的 SmartArt 图形，主要用来说明各种概念性的内容。使用该功能，可以轻松制作各种结构图示，如结构图、矩阵图、关系图等，从而使文档更加形象生动。

如要插入一个关系图，则选择【插入】选项卡，单击【智能图形】按钮，在打开的【智能图形】模板窗口中选中一个合适的关系图模板，如图 5-61 所示，此时关系图已经插入文档中，读者可以根据需要添加文本内容，如图 5-62 所示。

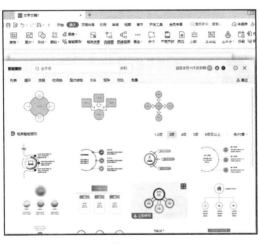
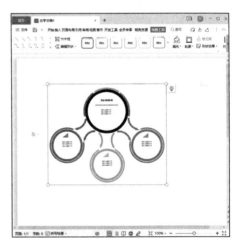

图 5-61　　　　　　　　　　　　　　　　　　图 5-62

5.6.3　插入流程图和思维导图

WPS Office 文字文档还可以插入流程图和思维导图。在【插入】选项卡中，单击【流程图】

第 5 章　文档的图文混排

按钮，如图 5-63 所示。在打开的【流程图】窗口的搜索框中输入关键字搜索图形，显示搜索后的流程图模板选择界面，选择一个模板，如图 5-64 所示。

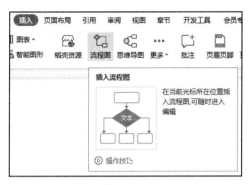

图 5-63

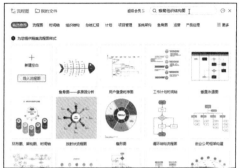

图 5-64

打开扩展界面，选中该模板图形样式，如图 5-65 所示。此时打开组织结构图的编辑窗口，用户可以对结构图进行编辑，包括输入内容、调整结构图颜色和形状等，设置完成后单击【插入】按钮，这样设置好的结构图就插入文档中了，如图 5-66 所示。

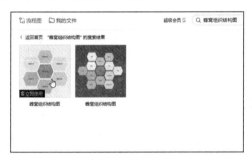

图 5-65

图 5-66

插入思维导图与插入流程图类似，选择【插入】选项卡，单击【思维导图】按钮，进入思维导图模板选择界面，选择一个思维导图模板，单击该模板的图形样式，如图 5-67 所示。

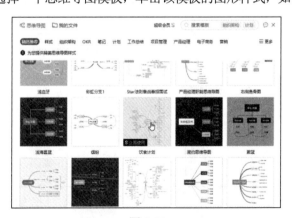

图 5-67

此时打开思维导图的编辑窗口，用户可以对思维导图进行编辑，包括输入内容、调整导图颜

123

色和形状等，设置完成后单击【插入】按钮，这样设置好的思维导图就插入文档中了，如图 5-68 所示。

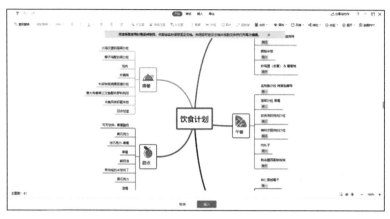

图 5-68

5.7 实例演练

通过前面内容的学习，读者应该已经掌握在文字文档中进行图文混排设计等技能，下面以制作"企业内刊"文档作为实例演练，巩固本章所学内容。

【例 5-14】 制作"企业内刊"文档。 视频

(1) 启动 WPS Office，新建名为"企业内刊"的文字文稿，单击【页面布局】选项卡中的【背景】下拉按钮，选择一种颜色作为文档背景色，如图 5-69 所示。

(2) 选择【插入】选项卡，单击【图片】下拉按钮，在弹出的菜单中选择【本地图片】选项，在打开的【插入图片】对话框中选中 3 张图片，单击【打开】按钮，如图 5-70 所示。

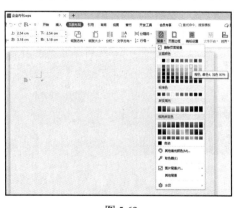

图 5-69

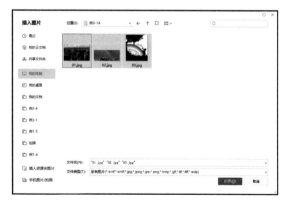

图 5-70

(3) 分别选中 3 张插入的图片，在【图片工具】选项卡中单击【文字环绕】按钮，在下拉菜单中选择【浮于文字上方】选项，如图 5-71 所示。

(4) 选中 1 张图片，单击【图片格式】选项卡下的【裁剪】按钮，单击图片边框上出现的黑色竖线，并按住鼠标左键拖动鼠标，进行图片裁剪，如图 5-72 所示。

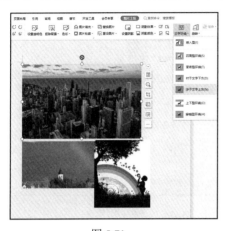

图 5-71

图 5-72

(5) 单击【插入】选项卡的【文本框】按钮，在下拉菜单中选择【横向】选项，在界面中按住鼠标左键不放，拖动鼠标绘制 2 个文本框，然后输入文本并设置字体格式，如图 5-73 所示。

(6) 选中这 2 个文本框，在【绘图工具】选项卡中分别单击【填充】和【轮廓】按钮，选择【无填充颜色】选项和【无边框颜色】选项，如图 5-74 所示。

图 5-73

图 5-74

(7) 单击【插入】选项卡的【形状】按钮，在下拉菜单中选择【肘形连接符】选项，在页面中按住鼠标左键不放，拖动鼠标绘制一个折线，如图 5-75 所示。

(8) 选中折线形状，在【绘图工具】选项卡中单击【轮廓】按钮，设置【线型】为【3 磅】，选择一种填充颜色，如图 5-76 所示。

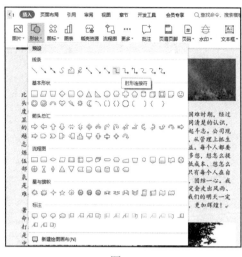

图 5-75　　　　　　　　　图 5-76

(9) 单击【插入】选项卡中的【图标】下拉按钮，选择一款图标，如图 5-77 所示。

(10) 将图标插入文档中，调整图标的大小和位置，最后的文档效果如图 5-78 所示。

图 5-77　　　　　　　　　图 5-78

5.8　习题

1. 如何设置图片的环绕方式？
2. 如何绘制和编辑文本框？
3. 如何插入流程图和思维导图？

第 6 章

文档的排版设计

为了提高文档的编辑效率，创建具有特殊版式的文档，WPS Office 提供了许多便捷的操作方式及管理工具来优化文档的格式编排。本章将主要介绍页面设置、文档样式、插入目录、插入页眉和页脚，以及一些特殊格式的操作方法，用户通过本章的学习，可以掌握使用 WPS Office 编辑文档格式与排版方面的知识。

本章重点

- 设置文档页面格式
- 添加目录和备注
- 插入页眉、页脚和页码
- 设置文档样式

二维码教学视频

【例 6-1】 设置页边距
【例 6-2】 设置纸张方向和大小
【例 6-3】 设置大纲级别
【例 6-4】 添加并设置目录
【例 6-5】 添加脚注
【例 6-6】 添加批注

本章其他视频参见教学视频二维码

6.1 设置文档页面格式

在处理文字文档的过程中，为了使文档页面更加美观，用户可以根据需求规范文档的页面，如设置页边距、纸张大小、文档网格等，从而制作出一个要求较为严格的文档版面。

6.1.1 设置页边距

页边距就是页面上打印区域之外的空白空间，设置页边距包括调整上、下、左、右边距，调整装订线的距离等。

【例 6-1】 创建"员工手册"文字文稿，设置文档的页边距。视频

(1) 启动 WPS Office，新建一个以"员工手册"为名的空白文字文稿，选择【页面布局】选项卡，单击【页边距】下拉按钮，在弹出的菜单中选择【自定义页边距】命令，如图 6-1 所示。

(2) 打开【页面设置】对话框，在【页边距】选项卡下的【页边距】区域中将【上】【下】选项的数值都设置为 2,【左】【右】选项的数值都设置为 3，单击【确定】按钮，如图 6-2 所示。

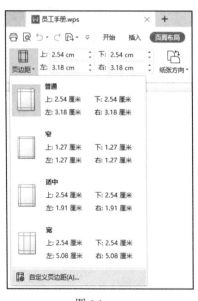

图 6-1

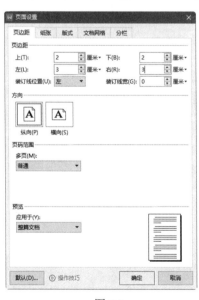

图 6-2

> **提示**
>
> 在【页面布局】选项卡中单击【页边距】下拉按钮，弹出的菜单中直接显示了几个预设好的页边距选项，包括【普通】【窄】【适中】和【宽】选项，用户可以直接选择这些选项来调整页边距。在使用【页面设置】对话框调整完页边距后，再次单击【页边距】下拉按钮，在弹出的菜单中会显示上次自定义设置的页边距，方便用户直接选择。

6.1.2 设置纸张

在【页面布局】选项卡中单击【纸张方向】和【纸张大小】按钮,在弹出的菜单中选择设定的规格选项,即可快速设置纸张方向和大小。

【例 6-2】 设置文档的纸张方向和大小。 视频

(1) 继续使用"员工手册"文档,选择【页面布局】选项卡,单击【纸张方向】下拉按钮,在弹出的菜单中选择【纵向】选项,如图 6-3 所示。

(2) 单击【纸张大小】下拉按钮,在弹出的菜单中选择【A4】选项,如图 6-4 所示。

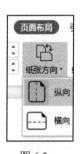

图 6-3

图 6-4

> **提示**
> 在【纸张大小】下拉菜单中选择【其他页面大小】命令,在打开的【页面设置】对话框中选择【纸张】选项卡,用户可以在其中对纸张大小进行更详细的设置。

6.1.3 添加水印

水印是指将文本或图片以水印的方式设置为页面背景。文字水印用于说明文件的属性,如一些重要文档中都带有"机密文件"字样的水印。图片水印大多用于修饰文档,如一些杂志的页面背景通常为淡化后的图片。

选择【插入】选项卡,单击【水印】下拉按钮,在弹出的菜单中选择【插入水印】命令,如图 6-5 所示,打开【水印】对话框进行设置。

如果要插入文字水印,在【水印】对话框中勾选【文字水印】复选框,输入水印的内容,然后在该区域下方设置水印的格式,在右侧预览水印效果,单击【确定】按钮即可插入水印,如图 6-6 所示。

图 6-5

图 6-6

6.2 添加目录和备注

WPS Office 提供了处理长文档的功能和添加说明性文字的编辑工具。例如，使用大纲视图方式查看和组织文档，使用目录提示长文档的纲要，添加批注、脚注等备注阐述观点等。

6.2.1 设置大纲级别

用户制作好长文档后，需要为其中的标题设置级别，这样可以便于查找和修改内容。

【例 6-3】 为标题设置大纲级别。 视频

(1) 继续使用"员工手册"文档，输入正文内容，如图 6-7 所示。

(2) 将插入点放在文档中的一级标题处，然后右击，弹出快捷菜单，选择【段落】命令，如图 6-8 所示。

图 6-7

图 6-8

(3) 在打开的【段落】对话框中设置【大纲级别】为【1级】，单击【确定】按钮，此时便完成第一个标题的大纲级别设置，如图6-9所示。

(4) 将插入点放在设置完大纲级别的标题处，然后单击【开始】选项卡中的【格式刷】按钮，此时鼠标变成了刷子形状，用鼠标单击同属于一级大纲的标题，即可将大纲级别格式进行复制和粘贴，如此便完成文档中所有一级标题的设置，如图6-10所示。

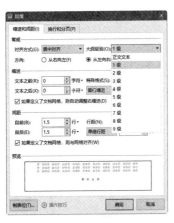

图 6-9

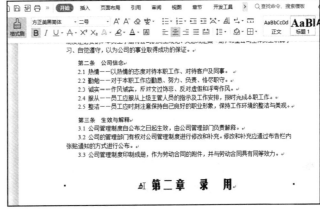

图 6-10

(5) 将插入点放在二级标题中("第一条 目的")，然后右击，在弹出的快捷菜单中选择【段落】命令，在打开的【段落】对话框中设置【大纲级别】为【2级】，单击【确定】按钮，如图6-11所示。

(6) 使用前面格式刷的方法，完成文档中所有二级标题的设置，如图6-12所示。

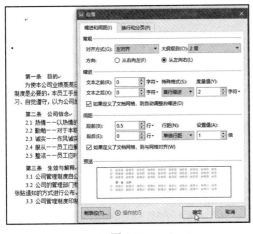

图 6-11

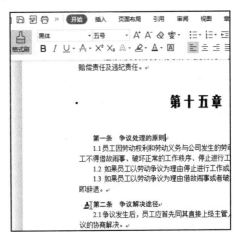

图 6-12

6.2.2 添加目录

目录与一篇文章的纲要类似，通过其可以了解全文的结构和整个文档所要讨论的内容。大纲级别设置完毕，接下来就可以生成目录了。

【例 6-4】 添加并设置目录。

(1) 继续使用"员工手册"文档，将光标定位在需要生成目录的位置，切换到【引用】选项卡，选择【目录】下拉菜单中的【自定义目录】命令，如图 6-13 所示。

(2) 打开【目录】对话框，勾选【显示页码】复选框，设置【显示级别】为【2】，单击【确定】按钮，如图 6-14 所示。

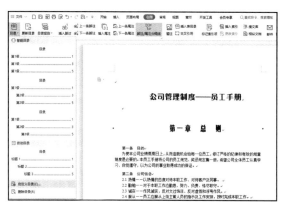

图 6-13

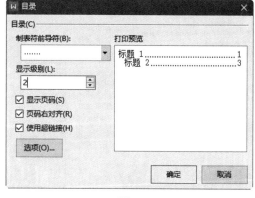

图 6-14

(3) 此时便完成了文档的目录生成，可以为目录页添加上"目录"二字，如图 6-15 所示。

(4) 选取整个目录，在【开始】选项卡【字体】中选择【华文中宋】选项，【字号】选择【小四】，目录的显示效果如图 6-16 所示。

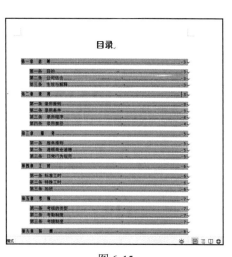

图 6-15

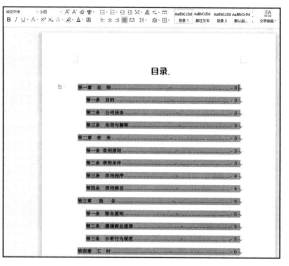

图 6-16

6.2.3 添加脚注

在编辑文档时，用户还可以为文档中的某个内容添加脚注，对其进行解释说明。

【例6-5】 为文字内容添加脚注。

(1) 继续使用"员工手册"文档,将光标定位至需要插入脚注的位置(《劳动法》之后),选择【引用】选项卡,单击【插入脚注】按钮,如图6-17所示。

(2) 此时,文档的底端出现了一个脚注分隔线,在分隔线下方直接输入脚注内容即可,如图6-18所示。

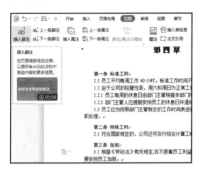

图 6-17   图 6-18

(3) 插入脚注后,文本后将出现脚注引用标记,将鼠标指针移至该标记,将显示脚注内容,如图6-19所示。

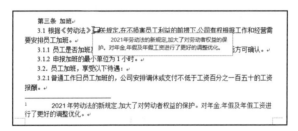

图 6-19

> **提示**
> 此外,对于文字内容,可以单击【引用】选项卡中的【插入尾注】按钮添加尾注内容;对于图片或表格内容,可以单击【引用】选项卡中的【题注】按钮,在图片或表格上方或下方添加一段简短题注。

6.2.4 添加批注

批注是指审阅者给文档内容加上的注解或说明,或者是阐述批注者的观点,在上级审批文件、老师批改作业时非常有用。

【例6-6】 在文档中添加批注。

(1) 继续使用"员工手册"文档,选取文本"《劳动法》",打开【审阅】选项卡,单击【插入批注】按钮,如图6-20所示。

(2) 此时，文档中会自动添加批注框，输入批注文本即可，如图 6-21 所示。

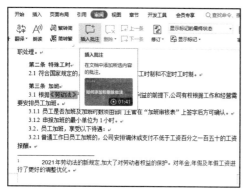

图 6-20

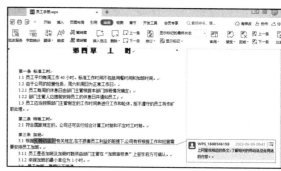

图 6-21

(3) 如果作者需要答复批注者，可以单击批注框内的【编辑批注】按钮，在下拉菜单中选择【答复】命令，如图 6-22 所示。

(4) 此时可以由作者输入回复文字，如图 6-23 所示。

图 6-22

图 6-23

(5) 如要删除批注框，在图 6-22 所示的下拉菜单中选择【删除】命令即可。

6.3 插入页眉、页脚和页码

页眉是版心上边缘和纸张边缘之间的图形或文字，页脚则是版心下边缘与纸张边缘之间的图形或文字。页码一般添加在页眉或页脚中，也可以添加到其他地方。

6.3.1 插入页眉和页脚

书籍中奇偶页的页眉和页脚通常是不同的。在 WPS Office 中，可以为文档中的奇偶页设计不同的页眉和页脚。

【例 6-7】 为奇、偶页创建不同的页眉。 视频

(1) 打开"员工手册"文档，打开【插入】选项卡，单击【页眉页脚】按钮，切换至【页眉页脚】选项卡，单击【页眉页脚选项】按钮，如图 6-24 所示。

(2) 在打开的【页眉/页脚设置】对话框中勾选【奇偶页不同】复选框，单击【确定】按钮，如图 6-25 所示。

图 6-24

图 6-25

(3) 返回编辑区，将光标定位在奇数页页眉中，在【页眉页脚】选项卡中单击【图片】按钮，如图 6-26 所示。

(4) 在打开的【插入图片】对话框中选择一张图片，单击【打开】按钮，如图 6-27 所示。

图 6-26

图 6-27

(5) 返回编辑区，可以看到奇数页页眉中已经插入了图片，适当调整图片的大小，如图 6-28 所示。

(6) 将光标定位在偶数页页眉中，输入文本"羽欧科技公司"，并设置页眉文字的字体、字号、颜色，如图 6-29 所示。

图 6-28

图 6-29

(7) 设置完成后关闭页眉和页脚，可以看到奇数页页眉添加了图片，偶数页页眉添加了文字，如图 6-30 和图 6-31 所示。奇偶页页脚的设置方法与页眉相同，这里不再赘述。

 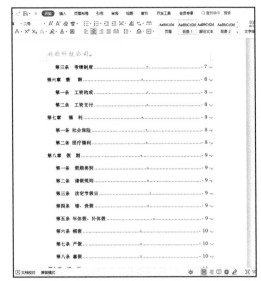

图 6-30　　　　　　　　　　　　　　图 6-31

6.3.2　插入页码

对于长篇文档来说，为了方便浏览和查找，用户可以在文档中添加页码。下面介绍插入页码的方法。

【例 6-8】 插入并设置页码。 视频

(1) 继续使用"员工手册"文档，选择【插入】选项卡，单击【页码】下拉按钮，在弹出的菜单中选择【页码】命令，如图 6-32 所示。

(2) 打开【页码】对话框，在【样式】列表中选择一个样式，在【位置】列表中选择【底端居中】选项，单击【确定】按钮，如图 6-33 所示。

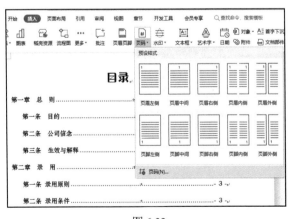 

图 6-32　　　　　　　　　　　　　　图 6-33

(3) 返回编辑区，可以看到已经从指定页面开始插入页码，如图 6-34 所示。

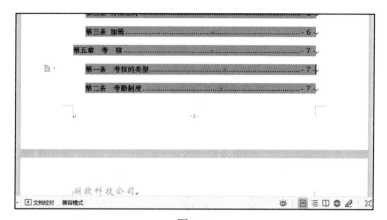

图 6-34

6.4 设置文档样式

样式就是字体格式和段落格式等特性的组合,在 WPS Office 中使用样式可以快速改变和美化文档的外观。

6.4.1 选择样式

样式是应用于文档中的文本、表格和列表的一套格式特征。它是 WPS Office 针对文档中一组格式进行的定义,这些格式包括字体、字号、字形、段落间距、行间距及缩进量等内容,其作用是方便用户对重复的格式进行设置。

> **提示**
> 每个文档都基于一个特定的模板,每个模板中都会自带一些样式,又称为内置样式。如果需要应用的格式组合和某内置样式的定义相符,则可以直接应用该样式而不用新建文档的样式,如果内置样式中有部分样式定义和需要应用的样式不相符,则可以自定义样式。

在 WPS Office 文档中,将插入点放置在要使用样式的段落中,选择【开始】选项卡,在样式框旁单击 按钮,打开下拉菜单,可以选择样式选项,如图 6-35 所示。在下拉菜单中选择【显示更多样式】命令,将打开【样式和格式】任务窗格,在列表框中同样可以选择样式,如图 6-36 所示。

图 6-35　　　　　　　　　　　　　　图 6-36

6.4.2　修改样式

如果某些内置样式无法完全满足某组格式设置的要求,则可以在内置样式的基础上进行修改。

【例 6-9】修改【重点】样式。视频

(1) 继续使用"员工手册"文档,将插入点定位在任意一处带有【重点】样式的文本中(如"第一条　目的"),选择【开始】选项卡,在样式框旁单击按钮,打开下拉菜单,选择【显示更多样式】命令,打开【样式和格式】任务窗格,单击【重点】样式右侧的箭头按钮,从弹出的快捷菜单中选择【修改】命令,如图 6-37 所示。

(2) 打开【修改样式】对话框,在【属性】选项区域的【样式基于】下拉列表框中选择【无样式】选项;在【格式】选项区域的【字体】下拉列表框中选择【华文楷体】选项,在【字号】下拉列表框中选择【小三】选项,单击【格式】按钮,从弹出的快捷菜单中选择【段落】选项,如图 6-38 所示。

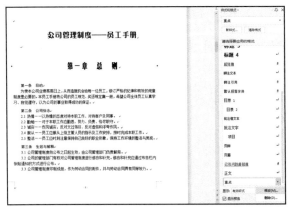

图 6-37　　　　　　　　　　　　　　图 6-38

(3) 打开【段落】对话框,在【间距】选项区域中,将【段前】【段后】的距离均设置为"0.5行",并且将【行距】设置为【最小值】,【设置值】为"16磅",单击【确定】按钮,如图 6-39 所示。

(4) 返回至【修改样式】对话框,单击【格式】按钮,从弹出的快捷菜单中选择【边框】命令,打开【边框和底纹】对话框的【底纹】选项卡,在【填充】颜色面板中选择【矢车菊蓝,着色 5,淡色 60%】色块,单击【确定】按钮,如图 6-40 所示。

 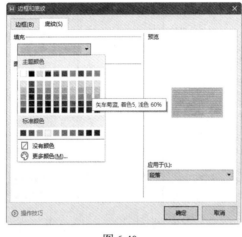

图 6-39　　　　　　　　　　　　　　图 6-40

(5) 返回【修改样式】对话框,单击【确定】按钮。此时所有的【重点】样式修改成功,并自动应用到文档中,如图 6-41 所示。

 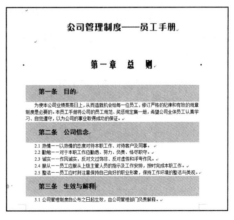

图 6-41

6.4.3 新建样式

如果现有文档的内置样式与所需格式设置相去甚远时,创建一个新样式将会更为便捷。
在【样式和格式】任务窗格中单击【新样式】按钮,如图 6-42 所示。打开【新建样式】对话框，如图 6-43 所示，在【名称】文本框中输入要新建的样式的名称；在【样式类型】下拉列表框中选择【字符】或【段落】选项；在【样式基于】下拉列表框中选择该样式的基准样式(基准样式是指最基本或原始的样式，文档中的其他样式都以此为基础)；单击【格式】按钮，可以为字符或段落设置格式。

图 6-42

图 6-43

6.4.4 删除样式

在 WPS Office 中，可以在【样式和格式】任务窗格中删除样式，但无法删除模板的内置样式。删除样式时，在【样式和格式】任务窗格中单击需要删除的样式旁的箭头按钮，在弹出的菜单中选择【删除】命令，打开确认删除对话框。单击【确定】按钮，即可删除该样式，如图 6-44 所示。

图 6-44

提示

在【样式和格式】任务窗格中单击【清除格式】按钮,即可将插入点所在的段落样式清除,但不会删除文档中其他相同样式的段落。

6.5 设置特殊格式

一般报刊都需要创建带有特殊效果的文档,需要配合使用一些特殊的排版方式。WPS Office 提供了多种特殊的排版方式,如首字下沉、分栏、带圈字符等。

6.5.1 首字下沉

首字下沉是报刊中较为常用的一种文本修饰方式,使用该方式可以很好地改善文档的外观,使文档更引人注目。设置首字下沉,就是使第一段开头的第一个字放大。放大的程度用户可以自行设定,占据两行或者三行的位置,其他字符围绕在其右下方。

【例6-10】 打开"面"文档,设置首字下沉。 视频

(1) 启动WPS Office,打开一个名为"面"的文字文稿,并将鼠标指针插入正文第1段前,选择【插入】选项卡,单击【首字下沉】按钮,如图6-45所示。

(2) 打开【首字下沉】对话框,在【位置】区域选择【下沉】选项,在【字体】下拉列表中选择一种字体,如【华文琥珀】,在【下沉行数】微调框中输入数值3,单击【确定】按钮,如图6-46所示。

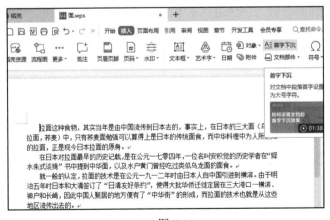
图 6-45

图 6-46

(3) 通过以上步骤即可完成设置首字下沉的操作,效果如图6-47所示。

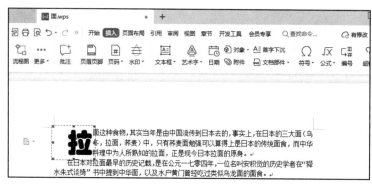

图 6-47

6.5.2 设置分栏

在阅读报刊时，常常会发现许多页面被分成多个栏目。这些栏目有的是等宽的，有的是不等宽的，使得整个页面布局显得错落有致，美观且易于读者阅读。分栏是指按实际排版需求将文本分成若干条块，使版面更为美观。

【例6-11】 设置分两栏显示文本。

(1) 继续使用"面"文档，选中文档中的第 3 段文本，如图 6-48 所示。

(2) 选择【页面布局】选项卡，单击【分栏】下拉按钮，在下拉菜单中选择【更多分栏】命令，如图 6-49 所示。

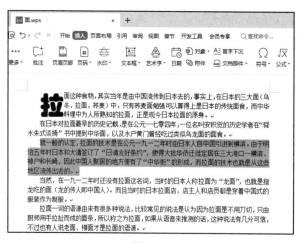

图 6-48　　　　　　　　　　　图 6-49

(3) 在打开的【分栏】对话框中选择【两栏】选项，勾选【栏宽相等】复选框和【分隔线】复选框，然后单击【确定】按钮，如图 6-50 所示。

(4) 此时选中的文本段落将以两栏的形式显示，如图 6-51 所示。

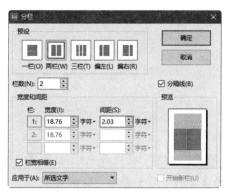

图 6-50

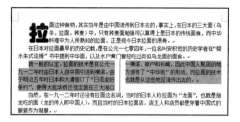

图 6-51

6.5.3 带圈字符

在编辑文字时,有时要输入一些特殊的文字,如圆圈围绕的文字、方框围绕的数字等,用于突出强调文字,下面介绍设置带圈字符的方法。

【例 6-12】 设置带圈字符。视频

(1) 继续使用"面"文档,选中文本"面",在【开始】选项卡中单击【拼音指南】下拉按钮,在弹出的菜单中选择【带圈字符】命令,如图 6-52 所示。

(2) 打开【带圈字符】对话框,在【样式】选项区域中选择带圈字符样式,如【缩小文字】;在【圈号】列表框中选择所需的圈号,单击【确定】按钮,如图 6-53 所示。

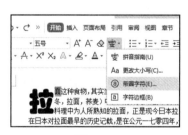

图 6-52

图 6-53

(3) 通过以上步骤即可完成设置带圈字符的操作,效果如图 6-54 所示。

图 6-54

6.5.4 合并字符

合并字符是将一行字符分成上、下两行，并按原来的一行字符空间进行显示。此功能在名片制作、出版书籍或发表文章等方面发挥较大的作用。

【例 6-13】 设置合并字符。 视频

(1) 继续使用"面"文档，选取正文第 1 段第 2 行中的文本"传统面食"，打开【开始】选项卡，单击【中文版式】按钮，在弹出的菜单中选择【合并字符】命令，如图 6-55 所示。

(2) 打开【合并字符】对话框，在【字体】下拉列表中选择【华文行楷】选项，在【字号】下拉列表中选择【12】，单击【确定】按钮，如图 6-56 所示。

图 6-55

图 6-56

(3) 此时即可显示合并文本"传统面食"的效果，如图 6-57 所示。

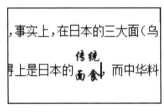
图 6-57

6.5.5 双行合一

双行合一效果能使所选的位于同一文本行的内容平均地分为两部分，前一部分排列在后一部分的上方。在必要的情况下，还可以给双行合一的文本添加不同类型的括号。

【例 6-14】 设置双行合一。 视频

(1) 继续使用"面"文档，选取正文第 2 段中的文本"安积觉"。打开【开始】选项卡，单击【中文版式】按钮，在弹出的菜单中选择【双行合一】命令，如图 6-58 所示。

(2) 打开【双行合一】对话框，勾选【带括号】复选框，在【括号样式】下拉列表中选择一种括号样式，单击【确定】按钮，如图 6-59 所示。

(3) 此时即可显示双行合一文本"安积觉"的效果，如图 6-60 所示。

图 6-58

图 6-59 图 6-60

6.6 实例演练

通过前面内容的学习,读者应该已经掌握在文字文档中进行排版设计等技能,下面以修改并新建样式作为实例演练,巩固本章所学内容。

【例 6-15】 在"课程介绍"文档中修改并新建样式。 视频

(1) 启动 WPS Office,打开"课程介绍"文档。打开【开始】选项卡,单击【样式】下拉按钮,选择【显示更多样式】命令,打开【样式和格式】任务窗格。将插入点定位在"教材范围:"文本中,然后在【样式和格式】任务窗格中选择【标题 1】,再单击【标题 1】样式右侧的箭头按钮,从弹出的快捷菜单中选择【修改】命令,如图 6-61 所示。

(2) 打开【修改样式】对话框,在【属性】选项区域的【样式基于】下拉列表框中选择【无样式】选项;在【格式】选项区域的【字体】下拉列表框中选择【楷体】选项,在【字号】下拉列表框中选择【三号】选项;单击【格式】按钮,从弹出的快捷菜单中选择【段落】选项,如图 6-62 所示。

图 6-61

图 6-62

(3) 打开【段落】对话框,在【间距】选项区域中,将【段前】【段后】的距离均设置为"0.5磅",并且将【行距】设置为【最小值】,【设置值】为【16磅】,单击【确定】按钮,如图6-63所示。

(4) 返回【修改样式】对话框,单击【格式】按钮,从弹出的快捷菜单中选择【边框】命令,打开【边框和底纹】对话框的【底纹】选项卡,在【填充】颜色面板中选择一种色块,单击【确定】按钮,如图6-64所示。

图 6-63

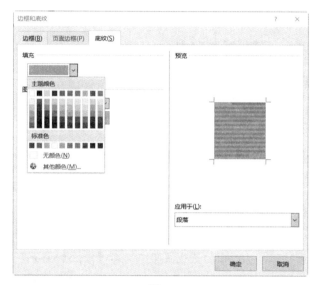
图 6-64

(5) 返回【修改样式】对话框,单击【确定】按钮。此时【标题1】样式修改成功,并自动应用到文档中,如图6-65所示。

(6) 将插入点定位在正文文本中,使用同样的方法,修改【正文】样式,设置段落格式的行距为【固定值】,【设置值】为【15 磅】,此时修改后的【正文】样式自动应用到文档中,如图6-66所示。

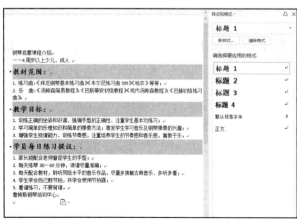
图 6-65

图 6-66

(7) 将插入点定位至文档最后一段文字中,打开【样式和格式】任务窗格,单击【新样式】按钮,如图 6-67 所示。

(8) 打开【新建样式】对话框,在【名称】文本框中输入"备注";在【样式基于】下拉列表框中选择【无样式】选项;在【格式】选项区域的【字体】下拉列表框中选择【微软雅黑】选项,【字号】为【12】,单击【粗体】【斜体】按钮;然后单击【格式】按钮,在弹出的菜单中选择【段落】选项,如图 6-68 所示。

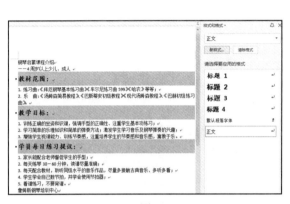

图 6-67　　　　　　　　　　　图 6-68

(9) 打开【段落】对话框的【缩进和间距】选项卡,设置【对齐方式】为【右对齐】,将【段前】间距设为"0.5 行",单击【确定】按钮,如图 6-69 所示。

(10) 此时该段落文本将自动应用【备注】样式,并在【样式和格式】窗格中显示新样式,如图 6-70 所示。

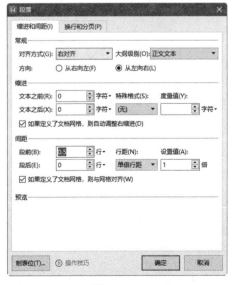
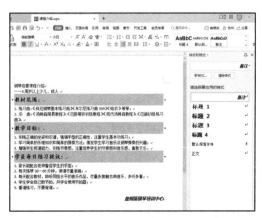

图 6-69　　　　　　　　　　　图 6-70

6.7 习题

1. 如何设置大纲级别?
2. 如何插入页眉、页脚和页码?
3. 如何设置文档样式?
4. 如何设置特殊格式?

第 7 章

电子表格的基础操作

本章主要介绍工作簿、工作表和单元格的基本操作,以及录入数据和编辑数据方面的知识与技巧,同时还讲解了如何美化表格。通过本章的学习,读者可以掌握创建与编辑 WPS Office 表格方面的知识。

本章重点

- 工作簿的基础操作
- 工作表的基础操作
- 单元格的基本操作
- 设置表格格式

二维码教学视频

【例 7-1】 加密工作簿 　　【例 7-4】 输入文本型数据
【例 7-2】 分享工作簿 　　【例 7-5】 填充数据
【例 7-3】 输入文本 　　【例 7-6】 输入日期型数据

本章其他视频参见教学视频二维码

7.1 工作簿的基础操作

使用 WPS Office 表格创建的工作簿是用于存储和处理数据的工作文档，也称为电子表格。默认新建的工作簿以"工作簿1"命名，并显示在标题栏的文档名处。WPS Office 提供了创建和保存工作簿、加密工作簿、分享工作簿等功能。

7.1.1 认识工作簿、工作表和单元格

一个完整的 WPS Office 表格文档主要由 3 部分组成，分别是工作簿、工作表和单元格，这 3 部分相辅相成，缺一不可。

1. 工作簿

工作簿是 WPS Office 表格用来处理和存储数据的文件。新建的表格文件就是一个工作簿，它可以由一个或多个工作表组成。创建空白表格后，系统会打开一个名为"工作簿1"的工作簿，如图 7-1 所示。

2. 工作表

工作表是在表格中用于存储和处理数据的主要文档，也是工作簿中的重要组成部分。在 WPS Office 中，用户可以在工作簿中通过单击 + 按钮新建工作表，如图 7-2 所示。

图 7-1　　　　　　　　　　图 7-2

3. 单元格

单元格是工作表中的小方格，是 WPS Office 表格独立操作的最小单位。单元格的定位是通过它所在的行号和列标来确定的。图 7-3 表示选择了 A4 单元格。

单元格区域是一组被选中的相邻或分离的单元格。单元格区域被选中后，所选范围内的单元格都会高亮度显示，取消选中状态后又恢复原样。图 7-4 所示为选择了 B2:D6 单元格区域。

第 7 章　电子表格的基础操作

图 7-3

图 7-4

7.1.2 创建和保存工作簿

要使用 WPS Office 制作电子表格，首先应创建工作簿，然后以相应的名称保存工作簿。

1. 创建空白工作簿

启动 WPS Office 后，单击【新建】按钮，选择【新建表格】选项卡，然后单击【新建】界面中的【新建空白表格】选项，即可创建一个空白工作簿，如图 7-5 所示。

2. 使用模板新建工作簿

用户还可以通过软件自带的模板创建有"内容"的工作簿，从而大幅度地提高工作效率。例如，单击【新建】界面模板选项中的【员工考勤表】选项，浮现【立即使用】按钮后单击，如图 7-6 所示。

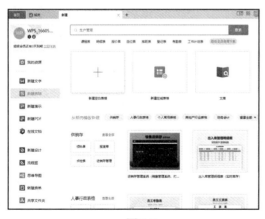

图 7-5

图 7-6

此时将开始联网下载该模板，下载模板完毕将创建相应的工作簿，如图7-7所示。

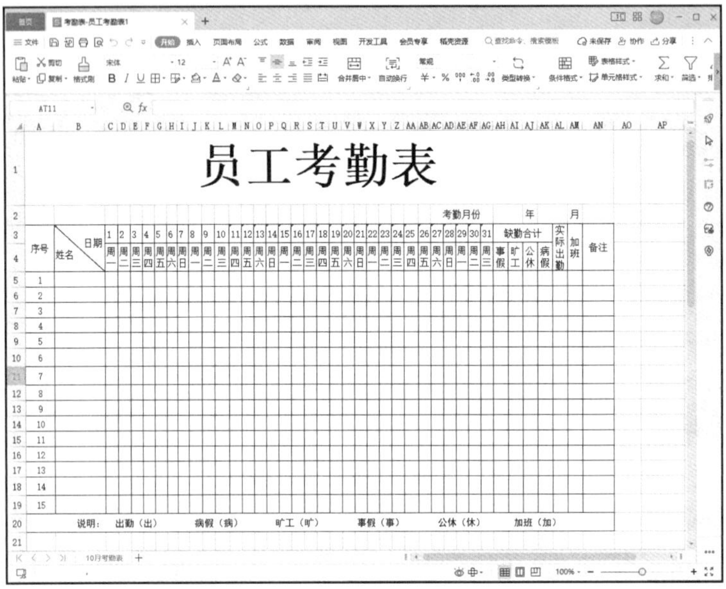

图7-7

3. 保存工作簿

当用户需要将工作簿保存在计算机中时，可以单击【文件】按钮，在打开的菜单中选择【保存】或【另存为】选项，或者直接单击快速访问工具栏中的 按钮，如图7-8所示。如果是未保存的工作簿，则可打开【另存文件】对话框，设置工作簿的存放路径、文件名等选项后，单击【确定】按钮即可保存工作簿，如图7-9所示。

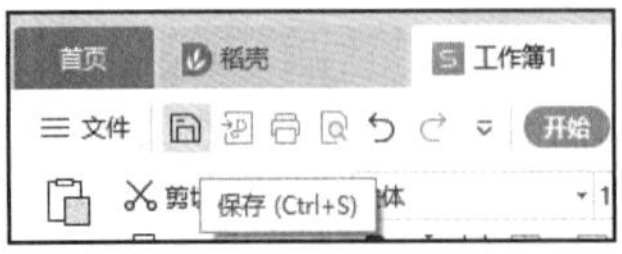

图7-8　　　　　　　　　　　图7-9

> **提示**
>
> 如果是已经保存过的工作簿，单击【保存】按钮不会打开【另存文件】对话框，而是直接将编辑修改后的数据保存到当前工作簿中。保存后，工作簿的文件名、存放路径不会发生任何改变。

7.1.3 加密工作簿

在商务办公中，工作簿经常会有涉及公司机密的数据信息，这时通常需要为工作簿设置打开和修改密码。

【例 7-1】 加密工作簿。 视频

(1) 打开一个表格文件，单击【文件】按钮，在弹出的菜单中选择【文档加密】|【密码加密】命令，如图 7-10 所示。

(2) 在打开的【密码加密】对话框中设置【打开权限】和【编辑权限】的密码为"123"，单击【应用】按钮，如图 7-11 所示。

图 7-10　　　　　　　　　图 7-11

(3) 再次打开文档时，会打开【文档已加密】对话框，提示用户输入文档打开密码，在文本框中输入密码，单击【确定】按钮，如图 7-12 所示。

(4) 如果用户设置了编辑权限密码，则会继续打开【文档已设置编辑密码】对话框，提示用户输入密码，或者以只读模式打开。在文本框中输入密码，单击【解锁编辑】按钮，如图 7-13 所示。

图 7-12　　　　　　　　　图 7-13

> **提示**
> 打开【密码加密】对话框后，在【打开权限】和【编辑权限】中删除所有设置的密码信息，然后单击【应用】按钮，即可撤销工作簿的加密保护。

7.1.4 分享工作簿

在实际办公过程中，工作簿的数据信息有时需要多个部门的领导进行查阅，此时可以采用 WPS Office 的分享功能来实现。下面介绍分享工作簿的操作方法。

【例 7-2】 分享工作簿。 视频

(1) 打开一个表格文件，单击【文件】下拉按钮，在弹出的菜单中选择【分享】命令，如图 7-14 所示。

(2) 在打开的【另存云端开启"分享"】对话框中单击【上传到云端】按钮，如图 7-15 所示。

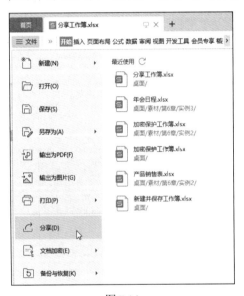

图 7-14　　　　　　　　　　　图 7-15

(3) 显示上传成功后，用户可以在打开的对话框中有选择性地发给联系人进行文档编辑，同时可以设置文档的共享权限，比如可以让他人只能浏览文档，不能对其进行修改等操作，如图 7-16 所示。

图 7-16

7.2 工作表的基础操作

本节主要介绍如何对工作表进行基本的管理，包括添加与删除工作表、重命名工作表、设置工作表标签的颜色及保护工作表等。

7.2.1 添加与删除工作表

在实际工作中可能会用到更多的工作表，需要用户在工作簿中添加新的工作表，而多余的工作表则可以直接删除。

在工作簿中单击【新建工作表】按钮，如图 7-17 所示。此时会在【Sheet1】工作表的右侧自动新建一个名为【Sheet2】的空白工作表，如图 7-18 所示。

图 7-17

图 7-18

右击【Sheet1】工作表标签，在弹出的快捷菜单中选择【删除工作表】命令，如图 7-19 所示。此时 Sheet1 工作表已被删除，如图 7-20 所示。

图 7-19

图 7-20

7.2.2 重命名工作表

在默认情况下，工作表以 Sheet1、Sheet2、Sheet3 依次命名，在实际应用中，为了区分工作表，可以根据表格名称、创建日期、表格编号等对工作表进行重命名。

右击【Sheet1】工作表标签，在弹出的快捷菜单中选择【重命名】命令，如图 7-21 所示。此时名称呈选中状态，使用输入法输入名称，如图 7-22 所示。

图 7-21　　　　　　　　　　图 7-22

输入完成后按 Enter 键即可完成重命名工作表的操作，如图 7-23 所示。

图 7-23

7.2.3 设置工作表标签的颜色

当一个工作簿中存在很多工作表，不方便用户查找时，可以通过更改工作表标签颜色的方式来标记常用的工作表，使用户能够快速查找到需要的工作表。

右击【Sheet1】工作表标签，在弹出的快捷菜单中选择【工作表标签颜色】命令，在打开的颜色库选项中选择一种颜色，如图 7-24 所示。此时工作表的标签颜色已经被更改，如图 7-25 所示。

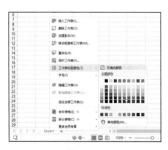 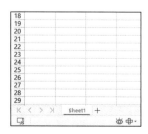

图 7-24　　　　　　　　　　图 7-25

7.2.4 保护工作表

为了防止重要表格中的数据泄露，可以为表格设置保护。下面介绍保护工作表的方法。

首先打开一个表格文件，选择【审阅】选项卡，单击【保护工作表】按钮，如图 7-26 所示。在弹出的【保护工作表】对话框的【密码(可选)】文本框中输入"123"，在列表框中勾选【选定锁定单元格】和【选定未锁定单元格】复选框，然后单击【确定】按钮，如图 7-27 所示。

图 7-26

图 7-27

返回编辑区，此时如果对工作表中的内容进行修改，会弹出一段提示文字，提示用户不能修改，如图 7-28 所示。

图 7-28

7.3 单元格的基本操作

为使制作的表格更加整洁美观，用户可以对单元格进行编辑整理，常用的操作包括插入与删除单元格、合并和拆分单元格、调整单元格的行高与列宽等，以方便数据的输入和编辑。本节将详细介绍单元格的基本操作方法。

7.3.1 插入与删除单元格

在编辑工作表的过程中，经常需要进行单元格、行和列的插入或删除等编辑操作。

1. 插入行、列和单元格

在工作表中选定要插入行、列或单元格的位置，在【开始】选项卡中单击【行和列】下拉按钮，从弹出的下拉菜单中选择【插入单元格】下的相应命令即可插入行、列和单元格，如图 7-29 所示。

若选择【插入单元格】|【插入单元格】命令，打开【插入】对话框，选中【活动单元格下移】单选按钮，然后单击【确定】按钮，如图 7-30 所示，即可在此单元格之上插入一个空白单元格。

图 7-29　　　　　　　　　图 7-30

2. 删除行、列和单元格

选中准备删除的单元格，在【开始】选项卡中单击【行和列】下拉按钮，在弹出的菜单中选择【删除单元格】命令下的相应命令即可删除行、列和单元格，如图 7-31 所示。

若选择【删除单元格】|【删除单元格】命令，打开【删除】对话框，选中【下方单元格上移】单选按钮，然后单击【确定】按钮，如图 7-32 所示，即可把刚刚添加的单元格删除。

图 7-31　　　　　　　　　图 7-32

7.3.2　合并与拆分单元格

如果用户希望将两个或两个以上的单元格合并为一个单元格，则可以通过合并单元格的操作来完成。对于已经合并的单元格，可根据需要将其拆分为多个单元格。

例如，在表格中选中 A1:G1 单元格区域，在【开始】选项卡中单击【合并居中】下拉按钮，在弹出的菜单中选择【合并居中】命令，如图 7-33 所示。合并后的 A1 单元格将居中显示，如图 7-34 所示。

图 7-33　　　　　　　　　　　　　　图 7-34

选中准备进行拆分的单元格，单击【合并居中】下拉按钮，在弹出的菜单中选择【拆分并填充内容】命令，如图 7-35 所示。单元格将被拆分并且每个单元格中都会填充拆分前的内容，如图 7-36 所示。

图 7-35　　　　　　　　　　　　　　图 7-36

7.3.3　调整行高与列宽

要设置行高和列宽，有以下几种方式可以进行操作。

1. 拖动鼠标更改

要改变行高和列宽，可以直接在工作表中拖动鼠标进行操作。比如要设置行高，用户可以在工作表中选中单行，将鼠标指针放置在行与行标签之间，出现黑色双向箭头时，按住鼠标左键不放，向上或向下拖动，此时会出现提示框，提示框中会显示当前的行高，如图 7-37 所示，调整至所需的行高后松开鼠标左键即可完成行高的设置。设置列宽的方法与此操作类似。

2. 精确设置行高和列宽

要精确设置行高和列宽，用户可以选定单行或单列，然后选择【开始】选项卡，单击【行和列】下拉按钮，在弹出的菜单中选择【行高】或【列宽】命令，打开【行高】或【列宽】对话框，输入精确的数字，最后单击【确定】按钮完成操作，如图 7-38 所示。

图 7-37

图 7-38

3. 设置最适合的行高和列宽

有时表格中多种数据内容长短不一，看上去较为凌乱，用户可以通过设置最适合的行高和列宽来适配表格，从而提高表格的美观度。

用户在【开始】选项卡中单击【行和列】下拉按钮，在弹出的菜单中选择【最适合的行高】命令，此时将自动调整表格各列的行高。用同样的方法，选择【最适合的列宽】命令，即可调整所选内容至最适合的列宽，如图 7-39 和图 7-40 所示。

图 7-39

图 7-40

7.4 输入数据

数据是表格中不可或缺的元素，WPS Office 中常见的数据类型有文本型、数字型、日期和时间型、公式等，输入不同的数据类型，其显示方式也不相同。本节将介绍输入不同类型数据的操作方法。

7.4.1 输入文本内容

普通文本信息是表格中最常见的一种信息，不需要设置数据类型就可以输入。

【例 7-3】 创建表格并输入文本信息。

(1) 新建一个名为"员工档案表"的工作簿,选中 A1:H1 单元格区域,在【开始】选项卡中单击【合并居中】下拉按钮,在弹出的菜单中选择【合并居中】命令,如图 7-41 所示。

(2) 此时 A1:H1 单元格区域合并为 A1 单元格,切换至中文输入法,输入标题文本,如图 7-42 所示。

图 7-41　　　　　　　　　　　图 7-42

(3) 按照同样的方法,继续输入其他文本内容,如图 7-43 所示。

图 7-43

7.4.2　输入文本型数据

文本型数据通常指的是一些非数值型文字、符号等,如企业的部门名称、员工的考核科目、产品的名称等。除此之外,许多不代表数量的、不需要进行数值计算的数字,也可以保存为文本形式,如电话号码、身份证号码、股票代码等。如果在数值的左侧输入 0,将被自动省略,如输入 001,会自动将该值转换为常规的数值格式 1,若要使数字保持输入时的格式,则需要将数值转换为文本,即文本型数据,可在输入数值时先输入半角单引号"'"。

【例 7-4】 输入文本型数据。

(1) 继续使用"员工档案表"工作簿,在需要输入文本型数据的单元格中将输入法切换到英文状态,输入单引号"'",如图 7-44 所示。

(2) 然后输入"001",自动识别为文本型数据,如图 7-45 所示。

图 7-44

图 7-45

7.4.3 填充数据

当需要在连续的单元格中输入相同或者有规律的数据(等差或等比)时，可以使用 WPS 提供的填充数据功能来实现。

【例 7-5】自动填充数据。

(1) 继续使用"员工档案表"工作簿，由于员工编号是顺序递增的，因此可以利用"填充序列"功能完成其他编号内容的填充。将鼠标放到第一个员工编号单元格右下方，当鼠标变成黑色十字形时，按住鼠标左键不放。往下拖动，直到拖动的区域覆盖完所有需要填充编号序列的单元格，如图 7-46 所示。

(2) 此时编号完成数据填充，效果如图 7-47 所示。

图 7-46

图 7-47

7.4.4 输入日期型数据

在电子表格中，日期和时间是以一种特殊的数值形式存储的。日期系统的序列值是一个整数数值，一天的数值单位是1，那么1小时则可以表示为 1/24 天，1分钟可以表示为 1/(24×60) 天，等等，一天中的每一个时刻都可以由小数形式的序列值来表示。

【例 7-6】输入日期型数据。

(1) 继续使用"员工档案表"工作簿，选中 D3:D18 单元格区域，在【开始】选项卡中单击【数字格式】下拉按钮，选择【其他数字格式】命令，如图 7-48 所示。

(2) 打开【单元格格式】对话框，选择【分类】为【日期】，在【类型】列表框中选择一种日期格式，然后单击【确定】按钮，如图 7-49 所示。

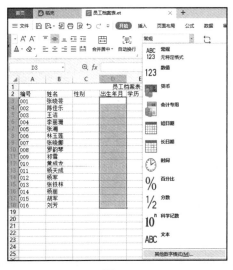

图 7-48

图 7-49

(3) 此时在单元格中输入日期数据即可，如图 7-50 所示。
(4) 使用相同的方法，在 F3:F18 单元格区域内输入日期型数据，如图 7-51 所示。

图 7-50

图 7-51

7.4.5　输入特殊符号

实际应用中可能需要输入特殊符号，如℃、?、§等，在 WPS Office 中可以轻松输入这类符号。

首先选中单元格，选择【插入】选项卡，单击【符号】下拉按钮，在弹出的菜单中选择【其他符号】命令，如图 7-52 所示。在打开的【符号】对话框中选择【符号】选项卡，选择要插入的符号如【π】，单击【插入】按钮即可在单元格中插入该特殊符号，如图 7-53 所示。

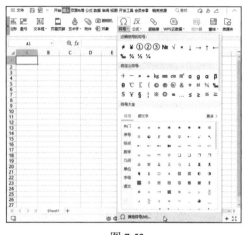

图 7-52　　　　　　　　　　　　　图 7-53

7.4.6 不同单元格同时输入数据

在输入表格数据时，若某些单元格中需要输入相同的数据，此时可同时输入。方法是同时选中要输入相同数据的多个单元格，输入数据后按 Ctrl+Enter 组合键即可。

【例 7-7】 在不同单元格中同时输入数据。 视频

(1) 继续使用"员工档案表"工作簿，按住键盘上的 Ctrl 键，选中要输入数据"大专"的多个单元格，如图 7-54 所示。

(2) 此时直接输入"大专"，如图 7-55 所示。

图 7-54　　　　　　　　　　　　　图 7-55

(3) 按下键盘上的 Ctrl+Enter 组合键，此时选中的单元格中会自动填充输入的数据"大专"，如图 7-56 所示。

(4) 使用相同的方法输入【性别】和【所属部门】列内的数据，并在【联系电话】列内直接输入数据，最后完成数据的录入，如图 7-57 所示。

第 7 章　电子表格的基础操作

图 7-56

图 7-57

7.4.7　指定数据的有效范围

在默认情况下，用户可以在单元格中输入任何数据，但在实际工作中，经常需要给一些单元格或单元格区域定义有效数据范围。下面介绍指定数据有效范围的操作方法。

【例 7-8】 指定数据的有效范围。

(1) 继续使用"员工档案表"工作簿，选中 A19 单元格，选择【数据】选项卡，单击【有效性】按钮，如图 7-58 所示。

(2) 打开【数据有效性】对话框，在【允许】列表中选择【整数】选项，在【数据】列表中选择【介于】选项，在【最大值】和【最小值】文本框中输入数值，单击【确定】按钮，如图 7-59 所示。

图 7-58

图 7-59

(3) 返回表格，选中一个已经设置了有效范围的单元格，输入有效范围以外的数字，按 Enter 键完成输入，此时会弹出错误提示框，提示输入内容不符合条件，如图 7-60 所示。

图 7-60

7.5 设置表格格式

为了使工作表中的某些数据醒目和突出，也为了使整个版面更为丰富，通常需要对不同的单元格和数据设置不同的格式。

7.5.1 突出显示重复项

当需要查找表格中相同的数据时，可以通过设置显示重复项来进行查找，这样既快速又方便。下面介绍突出显示重复项的操作方法。

【例 7-9】 在表格中显示重复项。

(1) 继续使用"员工档案表"工作簿，选中 E14:E18 单元格区域，选择【数据】选项卡，单击【重复项】下拉按钮，在弹出的菜单中选择【设置高亮重复项】命令，如图 7-61 所示。

(2) 此时打开【高亮显示重复值】对话框，保持默认设置，单击【确定】按钮，如图 7-62 所示。

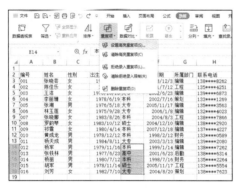

图 7-61

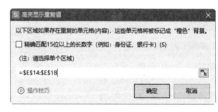

图 7-62

(3) 返回表格，重复数值的单元格都被橙色填充高亮显示，如图 7-63 所示。要想清除高亮显示的重复值，可以单击【重复项】下拉按钮，在弹出的菜单中选择【清除高亮重复项】命令。

图 7-63

7.5.2 设置边框和底纹

默认状态下，单元格的边框在屏幕上显示为浅灰色，但工作表中的框线在打印时并不显示出来。一般情况下，用户在打印工作表或突出显示某些单元格时，需要添加一些边框和底纹以使工作表更美观易懂。

【例 7-10】 为表格设置边框和底纹。

(1) 继续使用"员工档案表"工作簿，选中 A2:H18 单元格区域，在【开始】选项卡中单击【单元格】下拉按钮，在弹出的菜单中选择【设置单元格格式】命令，如图 7-64 所示。

(2) 打开【单元格格式】对话框，选择【边框】选项卡，在【样式】区域选择一种边框样式，在【颜色】列表中选择一种颜色，在【预置】区域单击【外边框】和【内部】按钮，单击【确定】按钮，如图 7-65 所示。

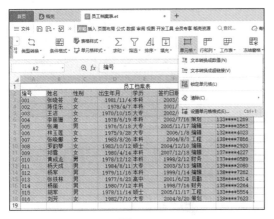

图 7-64

图 7-65

(3) 返回表格，此时的表格已经添加边框，如图 7-66 所示。

(4) 选中 A2:H2 单元格区域，在【开始】选项卡中单击【单元格】下拉按钮，在弹出的菜单中选择【设置单元格格式】命令，如图 7-67 所示。

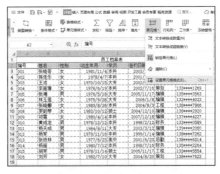

图 7-66　　　　　　　　　　　　　图 7-67

(5) 打开【单元格格式】对话框，选择【图案】选项卡，选择一款底纹颜色，单击【确定】按钮，如图 7-68 所示。

(6) 返回表格，此时选中的单元格区域已经添加底纹颜色，如图 7-69 所示。

图 7-68

图 7-69

7.6 实例演练

通过前面内容的学习，读者应该已经掌握在表格中输入数据、修改表格格式等方法，本节以制作"财务支出表"工作簿为例，对本章所学知识点进行综合运用。

【例 7-11】 制作一个"财务支出表"工作簿。 视频

(1) 启动 WPS Office，新建一个名为"财务支出表"的空白表格，在表格第一行中输入标题，设置文本格式并合并单元格，将文字居中，如图 7-70 所示。

(2) 在表格中输入数据，如图 7-71 所示。

图 7-70

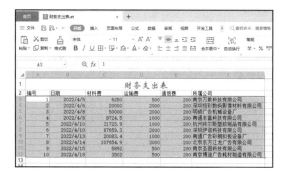

图 7-71

(3) 选定 B3:B12 单元格区域并右击，打开快捷菜单，选择【设置单元格格式】命令，打开【单元格格式】对话框，选择【数字】选项卡，在【分类】列表框中选择【日期】选项，在【类型】列表框中选择一种日期格式，单击【确定】按钮，如图 7-72 所示。

(4) 选定 C3:E12 单元格区域，在【开始】选项卡中打开【数字格式】下拉列表，选择【货币】选项，将其数据设置为货币格式，如图 7-73 所示。

图 7-72

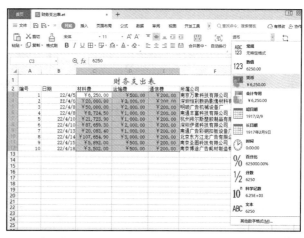

图 7-73

(5) 选中 A2:F12 单元格区域，打开【开始】选项卡，单击【所有框线】下拉按钮，从弹出的菜单中选择【其他边框】命令，打开【单元格格式】对话框的【边框】选项卡，在【线条】选项区域的【样式】列表框中选择一种样式并选择颜色，在【预置】选项区域中单击【外边框】按钮，然后单击【确定】按钮，如图 7-74 所示。

(6) 选定 A2:F2 单元格区域，打开【单元格格式】对话框的【图案】选项卡，在【颜色】选项区域中为列标题单元格选择一种颜色，然后单击【确定】按钮，如图 7-75 所示。

图 7-74

图 7-75

(7) 此时可以查看设置边框和底纹后的表格效果，如图 7-76 所示。

(8) 选定 A2:F12 单元格区域，选择【开始】选项卡，单击【行和列】下拉按钮，选择【最适合的列宽】命令，即可调整所选内容最适合的列宽，如图 7-77 所示。

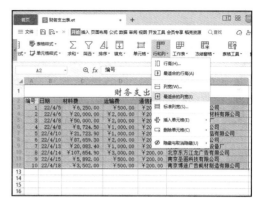

图 7-76   图 7-77

(9) 选定 F3:F12 单元格区域，在【开始】选项卡中单击【单元格样式】按钮，在弹出的菜单中选择一种样式，如图 7-78 所示。

(10) 此时选定的单元格区域会自动套用该样式，效果如图 7-79 所示。

图 7-78   图 7-79

7.7 习题

1. 简述工作簿的基本操作方法。
2. 简述工作表的基本操作方法。
3. 简述单元格的基本操作方法。
4. 如何设置表格格式？

第 8 章

使用公式与函数

在 WPS Office 中，公式和函数不仅可以帮助用户快速并准确地计算表格中的数据，还可以解决办公中的各种查询与统计问题。本章主要介绍使用公式、检查与审核公式，以及函数的基本操作的知识与技巧，同时还会讲解常用函数的应用。通过学习本章内容，读者可以掌握使用 WPS Office 计算表格数据方面的知识。

➡ 本章重点

- 使用公式
- 使用函数
- 使用名称
- 常用函数的应用

➡ 二维码教学视频

【例 8-1】 输入公式进行求和
【例 8-2】 输入函数进行计算
【例 8-3】 嵌套函数

【例 8-4】 定义名称
【例 8-5】 使用名称进行计算
【例 8-6】 提取员工信息

本章其他视频参见教学视频二维码

8.1 使用公式

输入公式是使用函数的第一步，WPS Office 中的公式是一种对工作表的数值进行计算的等式，它可以帮助用户快速完成各种复杂的数据运算。

8.1.1 认识公式和函数

公式是对工作表中的数据进行计算和操作的等式。函数是 WPS Office 中预定义的一些公式，它将一些特定的计算过程通过程序固定下来，使用一些称为参数的特定数值按特定的顺序或结构进行计算，将其命名后可供用户调用。

1. 公式

在输入公式之前，用户应了解公式的组成和含义。公式的特定语法或次序如下：最前面是等号"="，然后是公式的表达式，表达式中包含运算符、数值或任意字符串、函数及其参数和单元格引用等元素，如图 8-1 所示。

图 8-1

公式主要由以下几个元素构成。

- ▽ 运算符：运算符用于对公式中的元素进行特定的运算，或者用来连接需要运算的数据对象，并说明进行了哪种公式运算，如加"+"、减"—"、乘"*"、除"/"等。
- ▽ 常量数值：常量数值用于输入公式中的值、文本。
- ▽ 单元格引用：利用公式引用功能对所需的单元格中的数据进行引用。
- ▽ 函数：WPS Office 提供的函数或参数，可返回相应的函数值。

2. 函数

函数由函数名和参数两部分组成，由连接符相连，如"=SUM(A1:G10)"表示对 A1:G10 单元格区域内的所有数据求和。

函数主要由如下几个元素构成。

- ▽ 连接符：包括"="","""()"等，这些连接符都必须是英文状态下的符号。
- ▽ 函数名：需要执行运算的函数的名称，一个函数只有一个名称，它决定了函数的功能和用途。

▽ 函数参数：函数中最复杂的组成部分，它规定了函数的运算对象、顺序和结构等。参数可以是数字、文本、数组或单元格区域的引用等，参数必须符合相应的函数要求才能产生有效值。

> **提示**
>
> 函数与公式既有区别又有联系。函数是公式的一种，是已预先定义计算过程的公式，函数的计算方式和内容已完全固定，用户只能通过改变函数参数的取值来更改函数的计算结果。用户也可以自定义计算过程和计算方式，或更改公式的所有元素来更改计算结果。

8.1.2 使用运算符

运算符是用来对公式中的元素进行运算而规定的特殊字符。WPS Office 中包含 3 种类型的运算符：算术运算符、字符连接运算符和关系运算符。

1. 算术运算符

算术运算符用来完成基本的数学运算，如加、减、乘、除等运算。算术运算符的基本含义如表 6-1 所示。

表 6-1 算术运算符的基本含义

算术运算符	含 义	示 例
+(加号)	加法	5+8
-(减号)	减法或负号	8-5
*(星号)	乘法	5*8
/(正斜号)	除法	8/2
%(百分号)	百分比	85%
^(脱字号)	乘方	8^2

2. 字符连接运算符

字符连接运算符是一种可以将一个或多个文本连接为一个组合文本的运算符号，字符连接运算符使用"&"连接一个或多个文本字符串，从而产生新的文本字符串。字符连接运算符的基本含义如表 6-2 所示。

表 6-2 字符连接运算符的基本含义

字符连接运算符	含 义	示 例
&(和号)	两个文本连接起来产生一个连续的文本值	"你" & "好" 得到 "你好"

3. 关系运算符

关系运算符用于比较两个数值间的大小关系，并产生逻辑值 TRUE(真)或 FALSE (假)。关系运算符的基本含义如表 6-3 所示。

表 6-3 关系运算符的基本含义

关系运算符	含义	示例
=(等号)	等于	A=B
>(大于号)	大于	A>B
<(小于号)	小于	A<B
>=(大于或等于号)	大于或等于	A>=B
<=(小于或等于号)	小于或等于	A<=B
<>(不等号)	不等于	A<>B

8.1.3 单元格引用

单元格引用是指单元格在工作表中坐标位置的标识。单元格的引用包括绝对引用、相对引用和混合引用 3 种。

单元格的相对引用是基于包含公式和引用的单元格的相对位置而言的。如果公式所在单元格的位置改变，引用也将随之改变。如果多行或多列地复制公式，引用会自动调整。默认情况下，新公式使用相对引用。

单元格中的绝对引用则总是在指定位置引用单元格(如$A$1)。如果公式所在单元格的位置改变，绝对引用的单元格也始终保持不变。如果多行或多列地复制公式，绝对引用将不做调整。

混合引用包括绝对列和相对行(如$A1)，或者绝对行和相对列(如 A$1)两种形式。如果公式所在单元格的位置改变，则相对引用改变，而绝对引用不变。如果多行或多列地复制公式，则相对引用自动调整，而绝对引用不做调整。

> **提示**
>
> 如果要引用同一工作簿其他工作表中的单元格，表达方式为"工作表名称!单元格地址"；如果要引用不同工作簿中的单元格或单元格区域，表达方式为"[工作簿名称]工作表名称!单元格地址"。

8.1.4 输入公式

输入公式的方法与输入文本的方法类似，具体步骤为：选择要输入公式的单元格，然后在编辑栏中直接输入"="符号，再输入公式内容，按 Enter 键，即可将公式运算的结果显示在所选单元格中。

【例 8-1】 创建"考核表"工作簿，输入公式求和。 视频

(1) 启动 WPS Office，新建一个以"考核表"为名的工作簿，输入数据并设置表格格式，如图 8-2 所示。

(2) 选中 G3 单元格，然后在编辑栏中输入公式 "=C3+D3+E3+F3"，按 Enter 键，即可在 G3 单元格中显示公式计算结果，如图 8-3 所示。

图 8-2　　　　　　　　　　　图 8-3

(3) 通过复制公式操作，可以快速地在其他单元格中输入公式。选中 G3 单元格，在【开始】选项卡中单击【复制】按钮，如图 8-4 所示。复制 G3 单元格中的内容，选定 G4 单元格，在【开始】选项卡单击【粘贴】按钮，即可将公式复制到 G4 单元格中，如图 8-5 所示。

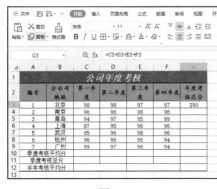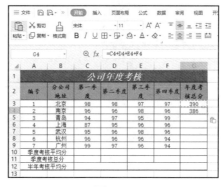

图 8-4　　　　　　　　　　　图 8-5

(4) 将光标移动至 G4 单元格边框，当光标变为 ✚ 形状时，拖曳鼠标选择 G5:G9 单元格区域，如图 8-6 所示。

(5) 释放鼠标，即可将 G4 单元格中的公式相对引用至 G5:G9 单元格区域中，效果如图 8-7 所示。

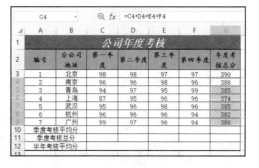

图 8-6　　　　　　　　　　　图 8-7

8.1.5　检查与审核公式

公式作为电子表格中数据处理的核心，在使用过程中出错的概率较大。为了有效地避免输入的公式出错，需要对公式进行检查或审核，使公式能够按照预想的方式计算出结果。

1. 检查公式

在 WPS Office 中，查询公式错误的原因可以通过【错误检查】功能实现，该功能根据设定的规则对输入的公式自动进行检查。

首先选中公式所在的单元格，选择【公式】选项卡，单击【错误检查】按钮，如图 8-8 所示。打开【WPS 表格】对话框，提示完成了整个工作表的错误检查，此处没有检查出公式错误，单击【确定】按钮即可，如图 8-9 所示。

图 8-8

图 8-9

> **提示**
>
> 如果检测到公式错误，会打开【错误检查】对话框，显示公式错误位置及错误原因，单击【在编辑栏中编辑】按钮，返回表格，在编辑栏中输入正确的公式，然后单击对话框中的【下一个】按钮，系统会自动检查表格中的下一个错误。

2. 审核公式

在公式中引用单元格进行计算时，为了降低使用公式时发生错误的概率，可以利用 WPS Office 提供的公式审核功能对公式的正确性进行审核。

首先选中公式所在的单元格，选择【公式】选项卡，单击【追踪引用单元格】按钮，如图 8-10 所示。此时表格会自动追踪公式单元格中所显示值的数据来源，并用蓝色箭头将相关单元格标注出来，如图 8-11 所示。

图 8-10

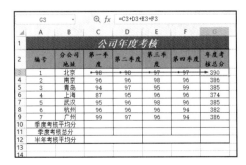

图 8-11

> **提示**
> 如果选中公式所引用的数据单元格,单击【追踪从属单元格】按钮,将会显示蓝色箭头指向公式单元格,表示该数据从属于公式。

8.2 使用函数

在 WPS Office 中,将一组特定功能的公式组合在一起,就形成了函数。利用公式可以计算一些简单的数据,而利用函数则可以很容易地完成各种复杂数据的处理工作,并简化公式的使用。

8.2.1 函数的类型

WPS Office 为用户提供了 6 种常用的函数类型,包括财务函数、逻辑函数、查找与引用函数、文本函数、日期和时间函数、数学和三角函数,在【公式】选项卡中可查看函数类型。函数的分类如表 6-4 所示。

表 6-4 函数的分类

分 类	功 能
财务函数	用于对财务数据进行分析和计算
逻辑函数	用于进行数据逻辑方面的运算
查找与引用函数	用于查找数据或单元格引用
文本函数	用于处理公式中的字符、文本或对数据进行计算与分析
日期和时间函数	用于分析和处理时间和日期值
数学和三角函数	用于进行数学计算

8.2.2 输入函数

AVERAGE 函数用于计算参数的算术平均数,SUM 函数用于返回某一单元格区域中的所有数字之和,这两个函数是最常用的函数,下面将介绍输入函数的方法。

【例 8-2】 输入函数求和、求平均值。 视频

(1) 继续使用"考核表"工作簿,选定 C10 单元格,在【公式】选项卡中单击【插入函数】按钮,如图 8-12 所示。

(2) 打开【插入函数】对话框,在【或选择类别】下拉列表框中选择【常用函数】选项,然后在【选择函数】列表框中选择【AVERAGE】选项,单击【确定】按钮,如图 8-13 所示。

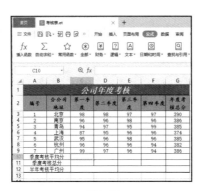

图 8-12　　　　　　　　　　　图 8-13

(3) 打开【函数参数】对话框,在【数值 1】文本框中输入计算平均值的范围,这里输入 C3:C9,单击【确定】按钮,如图 8-14 所示。

(4) 在 C10 单元格中显示计算结果,再使用同样的方法,在 D10:F10 单元格区域中插入平均值函数 AVERAGE,计算平均值,如图 8-15 所示。

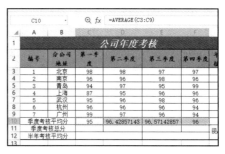

图 8-14　　　　　　　　　　　图 8-15

(5) 选定 C11 单元格,在【公式】选项卡中单击【插入函数】按钮,打开【插入函数】对话框,选择【常用函数】选项,然后在【选择函数】列表框中选择【SUM】选项,单击【确定】按钮,如图 8-16 所示。

(6) 打开【函数参数】对话框,在 SUM 选项区域的【数值 1】文本框中输入计算求和的范围,这里输入 C3:C9,单击【确定】按钮,如图 8-17 所示。

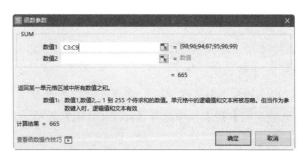

图 8-16　　　　　　　　　　　图 8-17

(7) 此时即可在 C11 单元格中显示计算结果，如图 8-18 所示。

(8) 使用相对引用的方式，在 D11:F11 单元格区域中相对引用 C11 的函数进行计算，如图 8-19 所示。

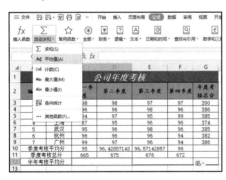

图 8-18

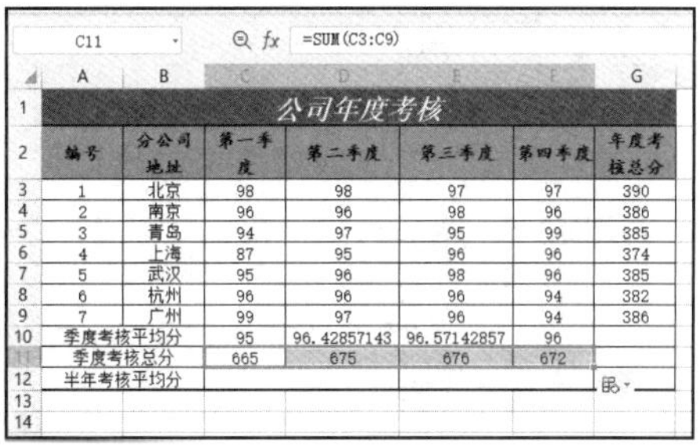

图 8-19

8.2.3 嵌套函数

一个函数表达式中包括一个或多个函数，函数与函数之间可以层层相套，括号内的函数作为括号外函数的一个参数，这样的函数即为嵌套函数。使用该功能的方法为：先插入内置函数，然后通过修改函数达到函数的嵌套使用。

【例 8-3】 使用嵌套函数进行计算。

(1) 继续使用"考核表"工作簿，选中 C12 单元格，打开【公式】选项卡，单击【自动求和】下拉按钮，从弹出的下拉菜单中选择【平均值】命令，即可插入 AVERAGE 函数，如图 8-20 所示。

(2) 在编辑栏中，修改函数为"=AVERAGE(C3+D3,C4+D4,C5+D5,C6+D6,C7+D7,C8+D8,C9+D9)"，如图 8-21 所示。

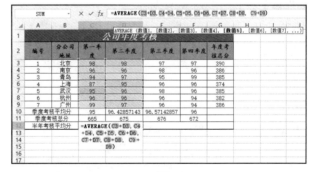

图 8-20

图 8-21

(3) 按 Ctrl+Enter 组合键，即可实现函数嵌套功能，并显示计算结果，如图 8-22 所示。

(4) 使用相对引用函数的方法，在 E12 中计算下半年的考核平均分，如图 8-23 所示。

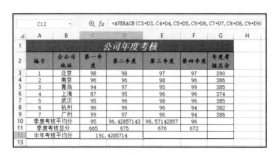
图 8-22

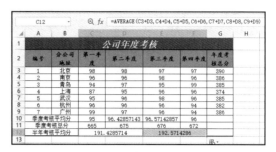
图 8-23

8.3 使用名称

名称是工作簿中某些项目或数据的标识符。在公式或函数中使用名称代替数据区域进行计算，可以使公式更为简洁，从而避免输入出错。

8.3.1 定义名称

名称作为一种特殊的公式，也是以"="开始的，可以由常量数据、常量数组、单元格引用、函数与公式等元素组成，并且每个名称都具有唯一的标识，可以便于在其他名称或公式中使用。与一般公式有所不同的是，普通公式存在于单元格中，名称保存在工作簿中，并在程序运行时通过其唯一标识(名称的命名)进行调用。

为了方便处理表格数据，可以将一些常用的单元格区域定义为特定的名称。

【例 8-4】 为单元格区域定义名称。 视频

(1) 继续使用"考核表"工作簿，选定 C3:C9 单元格区域，打开【公式】选项卡，单击【名称管理器】按钮，如图 8-24 所示。

(2) 打开【名称管理器】对话框，单击【新建】按钮，如图 8-25 所示。

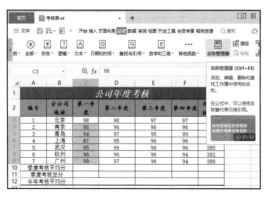
图 8-24

图 8-25

(3) 打开【新建名称】对话框，在【名称】文本框中输入单元格区域的名称，在【引用位置】文本框中可以修改单元格区域，单击【确定】按钮，如图8-26所示。

(4) 返回【名称管理器】对话框，单击【关闭】按钮，如图8-27所示。

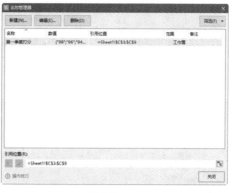

图 8-26　　　　　　　　　　　　图 8-27

(5) 此时即可在编辑栏中显示C3:C9单元格区域的名称"第一季度打分"，如图8-28所示。

(6) 使用相同的方法，将D3:D9、E3:E9、F3:F9单元格区域分别定义名称为"第二季度打分""第三季度打分""第四季度打分"，如图8-29所示。

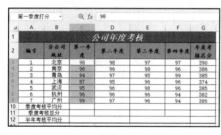

图 8-28　　　　　　　　　　　　图 8-29

8.3.2　使用名称进行计算

定义了单元格名称后，可以使用名称来代替单元格区域进行计算。

【例8-5】 使用名称进行计算。 视频

(1) 继续使用"考核表"工作簿，选中C10单元格，在编辑栏中输入公式"=AVERAGE(第一季度打分)"，按Ctrl+Enter组合键，计算出第一季度的考核平均分，如图8-30所示。

(2) 使用同样的方法，在D10、E10、F10单元格中输入公式，得出计算结果。在其他单元格中输入其他公式(使用SUM和AVERAGE函数)，代入定义名称，得出计算结果，如图8-31所示。

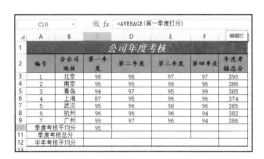

图 8-30　　　　　　　　　　　图 8-31

> **提示**
>
> 通常情况下，可以将多余的或未被使用过的名称删除。打开【名称管理器】对话框，选择要删除的名称，单击【删除】按钮，此时系统会自动打开对话框，提示用户是否确定要删除该名称，单击【确定】按钮即可。

8.4　常用函数的应用

本节以制作员工工资明细表为例，介绍 WPS Office 中常用函数应用的知识，包括使用文本函数提取信息、使用日期和时间函数计算工龄、使用逻辑函数计算业绩提成、使用统计函数计算最高销售额，以及使用查找与引用函数计算个人所得税等内容。

8.4.1　使用文本函数提取员工信息

员工信息是工资表中不可缺少的一项信息，逐个输入不仅浪费时间且容易出现错误，文本函数则很擅长处理这种字符串类型的数据。下面介绍使用文本函数提取员工信息的操作方法。

【例 8-6】　使用文本函数提取员工信息。　视频

(1) 打开素材工作表，选中 B3 单元格，输入"=TEXT(员工基本信息!A3,0)"，如图 8-32 所示。

(2) 按 Enter 键显示结果，选中 B3 单元格，将鼠标指针移至单元格右下角，指针变为黑色十字形状后，拖动鼠标指针向下填充，将公式填充至 B12 单元格，员工编号填充完成，如图 8-33 所示。

图 8-32

图 8-33

(3) 选中 C3 单元格，输入"=TEXT(员工基本信息!B3,0)"，如图 8-34 所示。

(4) 按 Enter 键显示结果，选中 C3 单元格，将鼠标指针移至单元格右下角，指针变为黑色十字形状后，拖动鼠标指针向下填充，将公式填充至 C12 单元格，员工姓名填充完成，如图 8-35 所示。

图 8-34

图 8-35

8.4.2 使用日期和时间函数计算工龄

员工的工龄是计算员工工龄工资的依据，下面介绍使用日期和时间函数计算员工工龄的操作方法。

【例 8-7】 使用日期和时间函数计算工龄。

(1) 继续使用"员工工资明细表"工作簿,选中 D3 单元格,计算方法是使用当日日期减去入职日期,输入"=DATEDIF(员工基本信息!C3,TODAY(),"y")",如图 8-36 所示。

(2) 按 Enter 键显示结果,选中 D3 单元格,将鼠标指针移至单元格右下角,指针变为黑色十字形状后,拖动鼠标指针向下填充,将公式填充至 D12 单元格,工龄填充完成,如图 8-37 所示。

图 8-36　　　　　　　　　　图 8-37

(3) 选中 E3 单元格,输入公式"=D3*100",如图 8-38 所示。

(4) 按 Enter 键显示结果,选中 E3 单元格,将鼠标指针移至单元格右下角,指针变为黑色十字形状后,拖动鼠标指针向下填充,将公式填充至 E12 单元格,员工工龄工资填充完成,如图 8-39 所示。

图 8-38　　　　　　　　　　图 8-39

8.4.3 使用逻辑函数计算业绩提成奖金

企业根据员工的业绩划分为几个等级,每个等级的业绩提成奖金不同,逻辑函数可以用来进行复核检验,因此很适合计算这种类型的数据。下面介绍使用逻辑函数计算业绩提成奖金的操作方法。

【例 8-8】 使用逻辑函数计算业绩提成奖金。 视频

(1) 继续使用"员工工资明细表"工作簿,切换至"销售业绩表"工作表,选中 D3 单元格,输入"=HLOOKUP(C3,业绩奖金标准!$B$2:$F$3,2)",如图 8-40 所示。

图 8-40

(2) 按 Enter 键显示结果,选中 D3 单元格,将鼠标指针移至单元格右下角,指针变为黑色十字形状后,拖动鼠标指针向下填充,将公式填充至 D12 单元格,奖金比例填充完成,如图 8-41 所示。

(3) 选中 E3 单元格,输入公式"=IF(C3<50000,C3*D3,C3*D3+500)",如图 8-42 所示。

图 8-41

图 8-42

(4) 按 Enter 键显示结果，选中 E3 单元格，将鼠标指针移至单元格右下角，指针变为黑色十字形状后，拖动鼠标指针向下填充，将公式填充至 E12 单元格，员工奖金填充完成，如图 8-43 所示。

图 8-43

8.4.4 使用统计函数计算最高销售额

公司会对业绩突出的员工进行表彰，因此需要在众多销售数据中找出最高的销售额和对应的员工。统计函数作为专门统计分析的函数，可以快捷地在工作表中找到相应数据。下面介绍使用统计函数计算最高销售额的操作方法。

【例 8-9】使用统计函数计算最高销售额。

(1) 继续使用"员工工资明细表"工作簿，切换至"销售业绩表"工作表，选中 G3 单元格，单击编辑栏左侧的【插入函数】按钮，如图 8-44 所示。

(2) 此时打开【插入函数】对话框，在【选择函数】列表框中选中【MAX】函数，单击【确定】按钮，如图 8-45 所示。

图 8-44

图 8-45

(3) 此时打开【函数参数】对话框，在【数值1】文本框中输入"C3:C12"，单击【确定】按钮，如图8-46所示。

(4) 返回表格，G3单元格显示计算结果，如图8-47所示。

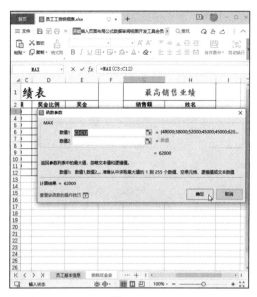

图8-46

图8-47

(5) 选中H3单元格，输入公式"=INDEX(B3:B12,MATCH(G3,C3:C12,))"，如图8-48所示。

(6) 按Enter键显示结果，如图8-49所示。

图8-48

图8-49

8.4.5　计算个人所得税

我国根据个人收入的不同以阶梯形式的方式征收个人所得税，因此直接计算起来比较复杂，这类问题可以通过查找与引用函数来解决。下面介绍使用查找与引用函数计算个人所得税的操作方法。

【例 8-10】 使用查找与引用函数计算个人所得税(此处的税率表等仅作参考)。 视频

(1) 继续使用"员工工资明细表"工作簿,切换至"工资表"工作表,选中 F3 单元格,输入"=员工基本信息!D3-员工基本信息!E3+工资表!E3+销售奖金表!E3",如图 8-50 所示。

(2) 按 Enter 键显示结果,选中 F3 单元格,将鼠标指针移至单元格右下角,指针变为黑色十字形状后,拖动鼠标指针向下填充,将公式填充至 F12 单元格,员工应发工资填充完成,如图 8-51 所示。

图 8-50　　　　　　　　　　图 8-51

(3) 选中 G3 单元格,输入"=IF(F3<税率表!E$2,0,LOOKUP(工资表!F3-税率表!E$2,税率表!C$4:C$10,(工资表!F3-税率表!E$2)*税率表!D$4:D$10-税率表!E$4:E$10))",如图 8-52 所示。

(4) 按 Enter 键显示结果,选中 G3 单元格,将鼠标指针移至单元格右下角,指针变为黑色十字形状后,拖动鼠标指针向下填充,将公式填充至 G12 单元格,员工个人所得税填充完成,如图 8-53 所示。

图 8-52　　　　　　　　　　图 8-53

8.4.6 计算个人实发工资

员工工资明细表最重要的一项就是员工的实发工资,下面介绍计算个人实发工资的操作方法。

【例 8-11】 计算实发工资。 视频

(1) 继续使用"员工工资明细表"工作簿,选中 H3 单元格,输入"=F3-G3",如图 8-54 所示。

(2) 按 Enter 键显示结果,选中 H3 单元格,将鼠标指针移至单元格右下角,指针变为黑色十字形状后,拖动鼠标指针向下填充,将公式填充至 H12 单元格,员工实发工资填充完成,如图 8-55 所示。

图 8-54   图 8-55

8.5 实例演练

通过前面内容的学习,读者应该已经掌握在表格中使用公式计算数据的方法。下面以使用文本函数处理文本信息作为实例演练,巩固本章所学内容。

【例 8-12】 使用文本函数处理文本信息。 视频

(1) 启动 WPS Office,新建"培训安排信息统计"工作簿,并在其中输入数据,如图 8-56 所示。

(2) 选中 D3 单元格,在编辑栏中输入"=LEFT(B3,1)&IF(C3="女","女士","先生")",如图 8-57 所示。

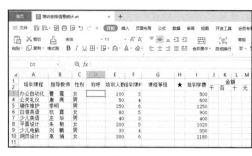

图 8-56　　　　　　　　　　　图 8-57

(3) 按 Ctrl+Enter 组合键，即可从信息中提取"曹震"的称呼"曹女士"，如图 8-58 所示。

(4) 将光标移动至 D3 单元格右下角，待光标变为黑色十字形状时，按住鼠标左键向下拖至 D10 单元格，进行公式填充，从而提取所有教师的称呼，如图 8-59 所示。

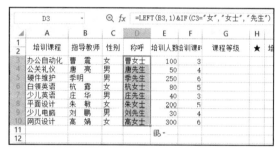

图 8-58　　　　　　　　　　　图 8-59

(5) 选中 G3 单元格，在编辑栏中输入公式"=REPT(H1,INT(F3))"，按 Ctrl+Enter 组合键，计算公式结果，如图 8-60 所示。

(6) 在编辑栏中选中"H1"，按 F4 快捷键，将其更改为绝对引用方式"$H$1"。按 Ctrl+Enter 组合键，结果如图 8-61 所示。

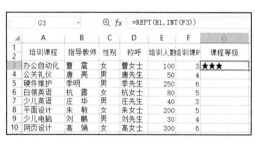
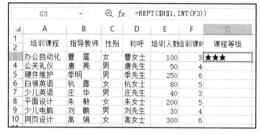

图 8-60　　　　　　　　　　　图 8-61

(7) 使用相对引用方式复制公式至 G4:G10 单元格区域，计算不同的培训课程所对应的课程等级，如图 8-62 所示。

(8) 选中 J3 单元格，在编辑栏中输入公式"=IF(LEN(I3)=4,MID(I3,1,1),0)"，按 Ctrl+Enter 组合键，从"办公自动化"的"培训学费"中提取"千"位数额，如图 8-63 所示。

图 8-62   图 8-63

(9) 使用相对引用方式复制公式至 J4:J10 单元格区域，计算不同的培训课程所对应的培训学费中的千位数额，如图 8-64 所示。

(10) 选中 K3 单元格，在编辑栏中输入"=IF(J3=0,IF(LEN(I3)=3,MID(I3,1,1),0),MID(I3,2,1))"，按 Ctrl+Enter 组合键，提取"办公自动化"的"培训学费"中的"百"位数额，如图 8-65 所示。

图 8-64   图 8-65

(11) 使用相对引用方式复制公式至 K4:K10 单元格区域，计算出不同的培训课程所对应的培训学费中的百位数额，如图 8-66 所示。

(12) 选中 L3 单元格，在编辑栏中输入"=IF(J3=0,IF(LEN(I3)=2,MID(I3,1,1),MID(I3,2,1)),MID(I3,3,1))"，按 Ctrl+Enter 组合键，提取"办公自动化"的"培训学费"中的"十"位数额，如图 8-67 所示。

图 8-66   图 8-67

(13) 使用相对引用方式复制公式至 L4:L10 单元格区域，计算出不同的培训课程所对应的培训学费中的十位数额，如图 8-68 所示。

(14) 选中 M3 单元格，在编辑栏中输入"=IF(J3=0,IF(LEN(I3)=1,MID(I3,1,1),MID(I3,3,1)),MID(I3,4,1))"，按 Ctrl+Enter 组合键，提取"办公自动化"的"培训学费"中的"元"位数额。使用相对引用方式复制公式至 M4:M10 单元格区域，计算出不同的培训课程所对应的培训学费中的个位数额，如图 8-69 所示。

图 8-68　　　　　　　　　　　　　　图 8-69

8.6　习题

1. 简述检查与审核公式的方法。
2. 如何使用嵌套函数进行计算？
3. 简述本章中常用函数的应用方法。

第 9 章

整理分析表格数据

在 WPS Office 中,用户经常需要对表格中的数据进行管理与分析,对数据按照一定的规律进行排序、筛选、分类汇总等操作,从而更容易地整理电子表格中的数据。通过本章的学习,读者可以掌握使用 WPS Office 管理表格数据方面的知识。

本章重点

- 数据排序
- 数据筛选
- 数据分类汇总
- 设置条件格式

二维码教学视频

【例 9-1】 升序排序
【例 9-2】 自定义排序
【例 9-3】 自定义序列排序
【例 9-4】 自动筛选
【例 9-5】 自定义筛选
【例 9-6】 使用高级筛选

本章内容的其他视频扫描教学视频二维码观看

9.1 数据排序

在实际工作中,用户经常需要将工作簿中的数据按照一定顺序排列,以便查阅。数据排序是指按一定规则对数据进行整理、排列,这样可以为进一步分析处理数据做好准备。排序方式主要有按单一条件排序及自定义排序等。

9.1.1 单一条件排序

在数据量相对较少(或排序要求简单)的工作簿中,用户可以设置一个条件对数据进行排序处理。表格默认的排序是根据单元格中的数据进行升序或降序排序的,这种排序方式就是单一条件排序。

【例 9-1】 在"成绩表"工作簿中按成绩升序排序。 视频

(1) 启动 WPS Office,打开"成绩表"工作簿,选中【成绩】列中的任意单元格,在【数据】选项卡中单击【排序】下拉按钮,选择【升序】命令,如图 9-1 所示。

(2) 此时表格将快速以"升序"方式重新对数据表【成绩】列中的数据进行排序,效果如图 9-2 所示。

图 9-1

图 9-2

9.1.2 自定义排序

自定义排序是依据多列的数据规则,对工作表中的数据进行排序操作。如果使用快速排序,则只能使用一个排序条件,因此当使用快速排序后,表格中的数据可能仍然没有达到用户的排序需求。这时,用户可以设置多个排序条件对数据进行排序。

【例 9-2】 在“成绩表”工作簿中设置按成绩分数从低到高排序表格数据，如果分数相同，则按班级从低到高排序。视频

(1) 打开“成绩表”工作簿，在【数据】选项卡中单击【排序】下拉按钮，选择【自定义排序】命令，打开【排序】对话框，在【主要关键字】下拉列表框中选择【成绩】选项，在【排序依据】下拉列表框中选择【数值】选项，在【次序】下拉列表框中选择【升序】选项，然后单击【添加条件】按钮，如图 9-3 所示。

(2) 在【次要关键字】下拉列表框中选择【班级】选项，在【排序依据】下拉列表框中选择【数值】选项，在【次序】下拉列表框中选择【升序】选项，单击【确定】按钮，如图 9-4 所示。

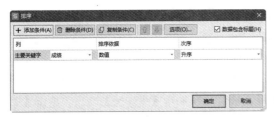

图 9-3

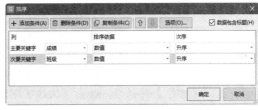

图 9-4

(3) 返回表格窗口，即可按照多个条件对表格中的数据进行排序，如图 9-5 所示。

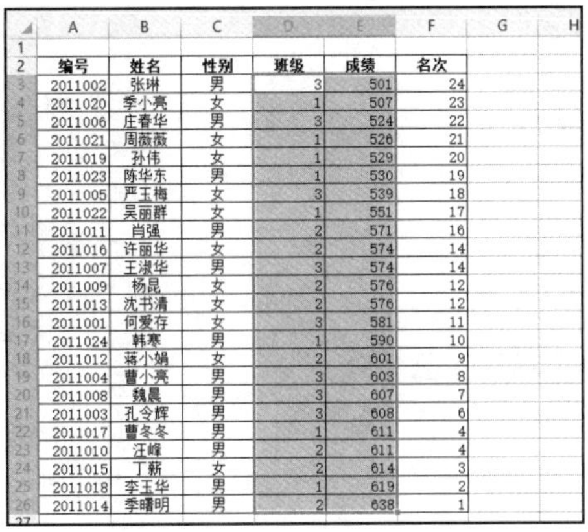

编号	姓名	性别	班级	成绩	名次
2011002	张琳	男	3	501	24
2011020	季小亮	女	1	507	23
2011006	庄春华	男	3	524	22
2011021	周薇薇	女	1	526	21
2011019	孙伟	女	1	529	20
2011023	陈华东	男	1	530	19
2011005	严玉梅	女	3	539	18
2011022	吴丽群	女	1	551	17
2011011	肖强	男	2	571	16
2011016	许丽华	女	2	574	14
2011007	王淑华	男	3	574	14
2011009	杨昆	女	2	576	12
2011013	沈书清	女	2	576	12
2011001	何爱存	女	3	581	11
2011024	韩寒	男	1	590	10
2011012	蒋小娟	女	2	601	9
2011004	曹小亮	男	3	603	8
2011008	魏晨	男	3	607	7
2011003	孔令辉	男	3	608	6
2011017	曹冬冬	男	1	611	4
2011010	汪峰	男	2	611	4
2011015	丁薪	女	2	614	3
2011018	李玉华	男	1	619	2
2011014	季曙明	男	2	638	1

图 9-5

9.1.3　自定义序列

WPS Office 允许用户根据需要设置特定的序列条件，对数据表中的某一字段进行排序。

【例 9-3】 在“成绩表”工作簿中按照男女序列进行排序。视频

(1) 打开“成绩表”工作簿，在【数据】选项卡中单击【排序】下拉按钮，选择【自定义排序】命令，打开【排序】对话框，在【主要关键字】下拉列表框中选择【性别】选项，在【次序】下拉列表框中选择【自定义序列】选项，如图 9-6 所示。

(2) 打开【自定义序列】对话框,在【输入序列】列表框中输入自定义序列内容,然后单击【添加】按钮。此时,【自定义序列】列表框中会显示刚添加的"男女"序列,单击【确定】按钮,完成自定义序列操作,如图 9-7 所示。

图 9-6 　　　　　　　　　　　　　　图 9-7

(3) 返回【排序】对话框,此时【次序】下拉列表框内已经显示【男,女】选项,单击【确定】按钮即可,如图 9-8 所示。

(4) 最后在该工作表中,排列的顺序为先是男生,后为女生。表格内容的效果如图 9-9 所示。

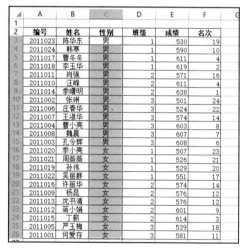

图 9-8 　　　　　　　　　　　　　　图 9-9

9.2 数据筛选

如果要在成百上千条数据记录中查询需要的数据,则要用到 WPS Office 的筛选功能,这样便可轻松地筛选出符合条件的数据。

9.2.1 自动筛选

自动筛选是一个易于操作且经常使用的功能。自动筛选通常是按简单的条件进行筛选，筛选时将不满足条件的数据暂时隐藏起来，只显示符合条件的数据。

【例9-4】 在"成绩表"工作簿中自动筛选出成绩最高的3条记录。

(1) 打开"成绩表"工作簿，选中数据区域的任意单元格，在【数据】选项卡中单击【筛选】按钮，如图9-10所示。

(2) 此时，电子表格进入筛选模式，列标题单元格中添加用于设置筛选条件的下拉菜单按钮，单击【成绩】单元格旁边的倒三角按钮，在弹出的菜单中选择【数字筛选】|【前十项】命令，如图9-11所示。

图 9-10

图 9-11

(3) 打开【自动筛选前10个】对话框，在【最大】右侧的微调框中输入3，然后单击【确定】按钮，如图9-12所示。

(4) 返回工作簿窗口，即可显示筛选出的成绩最高的3条记录，即分数最高的3名学生的信息，如图9-13所示。

图 9-12

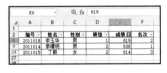
图 9-13

9.2.2 自定义筛选

与数据排序类似，如果自动筛选方式不能满足需要，此时可自定义筛选条件。下面介绍自定义筛选的方法。

【例9-5】 在"成绩表"工作簿中筛选出成绩大于550小于600的记录。

(1) 打开"成绩表"工作簿，选中数据区域的任意单元格，在【数据】选项卡中单击【筛选】按钮，如图9-14所示。

(2) 单击【成绩】单元格旁边的倒三角按钮，在弹出的菜单中选择【数字筛选】|【自定义筛选】命令，如图9-15所示。

图9-14

图9-15

(3) 打开【自定义自动筛选方式】对话框，将筛选条件设置为"成绩大于550与小于600"，单击【确定】按钮，如图9-16所示。

(4) 此时成绩大于550小于600的记录就筛选出来了，如图9-17所示。

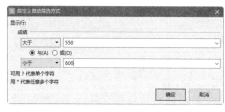
图9-16

图9-17

提示

在【自定义自动筛选方式】对话框左侧的下拉列表框中只能执行选择操作，而右侧的下拉列表框可直接输入数据。在输入筛选条件时，可使用通配符代替字符或字符串，如用"?"代表任意单个字符，用"*"代表任意多个字符。

9.2.3 高级筛选

对于筛选条件较多的情况，可以使用高级筛选功能来处理。使用高级筛选功能，必须先建立一个条件区域，用来指定筛选的数据所需满足的条件。条件区域的第一行是所有作为筛选条件的字段名，这些字段名与数据清单中的字段名必须完全一致。条件区域的其他行则是筛选条件。需要注意的是，条件区域和数据清单不能连接，必须用一个空行将它们隔开。

第 9 章　整理分析表格数据

【例 9-6】 使用高级筛选功能筛选出成绩大于 600 分的 2 班学生的记录。

(1) 打开"成绩表"工作簿，在 A28:B29 单元格区域中输入筛选条件，要求【班级】等于 2，【成绩】大于 600，如图 9-18 所示。

(2) 在表格中选择 A2:F26 单元格区域，然后在【数据】选项卡中单击【筛选】下拉按钮，选择【高级筛选】命令，如图 9-19 所示。

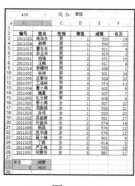
图 9-18

图 9-19

(3) 打开【高级筛选】对话框，单击【条件区域】文本框后面的按钮，如图 9-20 所示。

(4) 返回工作簿窗口，选择输入筛选条件的 A28:B29 单元格区域，然后单击按钮返回【高级筛选】对话框，如图 9-21 所示。

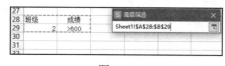

图 9-20　　　　　　　　图 9-21

(5) 在其中可以查看和设置选定的列表区域与条件区域，单击【确定】按钮，如图 9-22 所示。

(6) 返回工作簿窗口，筛选出成绩大于 600 分的 2 班学生的记录，如图 9-23 所示。

图 9-22　　　　　　　　图 9-23

9.3 数据分类汇总

利用 WPS Office 提供的分类汇总功能，用户可以对表格中的数据进行分类，然后将性质相同的数据汇总到一起，使其结构更清晰，便于查找数据信息。

9.3.1 创建分类汇总

在创建分类汇总之前，用户必须先根据需要进行分类汇总的数据列对数据清单排序。WPS Office 表格可以在数据清单中创建分类汇总。

【例 9-7】 将表中的数据按班级排序后分类，并汇总各班级的平均成绩。

(1) 打开"成绩表"工作簿，选定【班级】列，在【数据】选项卡中单击【排序】下拉按钮，在弹出的菜单中选择【升序】命令，如图 9-24 所示。

(2) 打开【排序警告】对话框，保持默认设置，单击【排序】按钮，对工作表按【班级】升序进行分类排序，如图 9-25 所示。

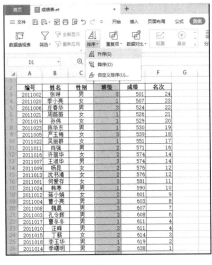

图 9-24

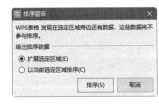

图 9-25

(3) 选定任意一个单元格，在【数据】选项卡中单击【分类汇总】按钮，打开【分类汇总】对话框，在【分类字段】下拉列表框中选择【班级】选项；在【汇总方式】下拉列表框中选择【平均值】选项；在【选定汇总项】列表框中勾选【成绩】复选框；分别勾选【替换当前分类汇总】与【汇总结果显示在数据下方】复选框，最后单击【确定】按钮，如图 9-26 所示。

(4) 返回工作簿窗口，表中的数据按班级分类，并汇总各班级的平均成绩和总平均值，如图 9-27 所示。

第 9 章 整理分析表格数据

图 9-26

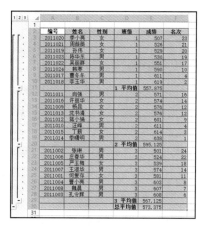

图 9-27

9.3.2 多重分类汇总

有时需要同时按照多个分类项来对表格数据进行汇总计算，此时的多重分类汇总需要遵循以下 3 个原则。

▽ 先按分类项的优先级顺序对表格中的相关字段排序。
▽ 按分类项的优先级顺序多次执行【分类汇总】命令，并设置详细参数。
▽ 从第二次执行【分类汇总】命令开始，需要取消勾选【分类汇总】对话框中的【替换当前分类汇总】复选框。

【例 9-8】 在表格中对每个班级的男女成绩进行汇总。 🎬 视频

(1) 打开"成绩表"工作簿，选中任意一个单元格，在【数据】选项卡中单击【排序】按钮，选择【自定义排序】命令，在弹出的【排序】对话框中，选中【主要关键字】为【班级】，然后单击【添加条件】按钮，如图 9-28 所示。

(2) 在【次要关键字】里选择【性别】选项，然后单击【确定】按钮，完成排序，如图 9-29 所示。

图 9-28

图 9-29

(3) 单击【数据】选项卡中的【分类汇总】按钮，打开【分类汇总】对话框，选择【分类字段】为【班级】，【汇总方式】为【求和】，勾选【选定汇总项】的【成绩】复选框，然后单击【确定】按钮，如图 9-30 所示。

(4) 此时，完成第一次分类汇总，如图 9-31 所示。

图 9-30

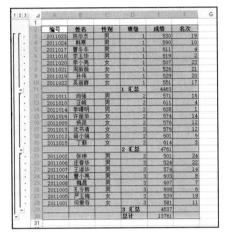

图 9-31

(5) 再次单击【数据】选项卡中的【分类汇总】按钮，打开【分类汇总】对话框，选择【分类字段】为【性别】，汇总方式为【求和】，勾选【选定汇总项】的【成绩】复选框，取消勾选【替换当前分类汇总】复选框，然后单击【确定】按钮，如图 9-32 所示。

(6) 此时，表格会同时根据【班级】和【性别】两个分类字段进行汇总，单击【分级显示控制按钮】中的"3"，即可得到各个班级的男女成绩汇总结果，如图 9-33 所示。

图 9-32

图 9-33

> **提示**
> 查看完分类汇总后，用户若需要将其删除，恢复原先的工作状态，可以在打开的【分类汇总】对话框中单击【全部删除】按钮，这样即可删除表格中的分类汇总。

9.4　设置条件格式

条件格式功能用于将数据表中满足指定条件的数据以特定格式显示出来。在 WPS Office 中使用条件格式，可以在工作表中突出显示所关注的单元格或单元格区域，强调异常值，而使用数据条、色阶和图标集等则可以更直观地显示数据。

9.4.1 添加数据条

数据条可用于查看某个单元格相对于其他单元格的值。数据条的长度代表单元格中的值，数据条越长，表示值越高；数据条越短，表示值越低。

【例9-9】添加数据条显示数据。

(1) 打开"成绩表"工作簿，选中 E3:E26 单元格区域，在【开始】选项卡中单击【条件格式】下拉按钮，在弹出的下拉菜单中选择【数据条】命令，选择一种数据条样式，如图 9-34 所示。

(2) 此时选中的单元格区域已经添加数据条，如图 9-35 所示。

图 9-34 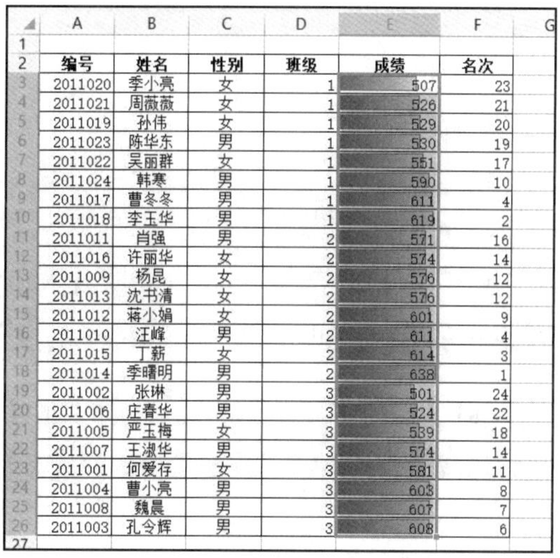　　　　　　　　　　　图 9-35

9.4.2 添加色阶

色阶用于通过颜色对比直观地显示数据，以帮助用户了解数据的分布和变化。下面介绍添加色阶的方法。

【例9-10】添加色阶显示数据。

(1) 打开"成绩表"工作簿，选中 E3:E26 单元格区域，在【开始】选项卡中单击【条件格式】下拉按钮，在弹出的下拉菜单中选择【色阶】命令，选择一种色阶样式，如图 9-36 所示。

(2) 此时选中的单元格区域已经添加色阶，如图 9-37 所示。

图 9-36　　　　　　　　　　　　　　图 9-37

9.4.3　添加图标集

使用图标集可以对数据进行注释,并可以按大小顺序将数值分为 3~5 个类别,每个图标集代表一个数值范围。下面介绍添加图标集的方法。

【例 9-11】 添加图标集显示数据。

(1) 打开"成绩表"工作簿,选中 E3:E26 单元格区域,在【开始】选项卡中单击【条件格式】下拉按钮,在弹出的下拉菜单中选择【图标集】命令,选择一种图标集样式,如图 9-38 所示。

(2) 此时选中的单元格区域已经添加图标集,如图 9-39 所示。

图 9-38　　　　　　　　　　　　　　图 9-39

9.5 合并计算数据

通过合并计算,可以把来自一个或多个源区域的数据进行汇总,并建立合并计算表。这些源区域与合并计算表可以在同一工作表中,也可以在同一工作簿的不同工作表中,甚至还可以在不同的工作簿中。

【例 9-12】 统计"成绩表"工作簿中 1 班和 2 班中男生的成绩汇总。

(1) 打开"成绩表"工作簿,在 A28 单元格里输入"1 班 2 班男生总成绩",如图 9-40 所示。
(2) 选中 B28 单元格,打开【数据】选项卡,单击【合并计算】按钮,如图 9-41 所示。

图 9-40　　　　　　　　　　　　　　　图 9-41

(3) 打开【合并计算】对话框,在【函数】下拉列表中选择【求和】选项,然后单击【引用位置】文本框后的按钮,如图 9-42 所示。
(4) 返回工作簿窗口,选定 E6 单元格,然后单击按钮,如图 9-43 所示。

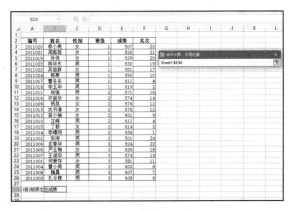

图 9-42　　　　　　　　　　　　　　　图 9-43

(5) 返回【合并计算】对话框，单击【添加】按钮，将之前选择的单元格添加到合并计算当中，然后单击【引用位置】文本框后的 按钮，继续添加引用位置，如图 9-44 所示。

(6) 返回工作簿窗口，选定 E8 单元格，然后单击 按钮，如图 9-45 所示。

图 9-44

图 9-45

(7) 将所有 1 班、2 班男生成绩的单元格数据都添加到【合并计算】对话框中，然后单击【确定】按钮，如图 9-46 所示。

(8) 返回工作簿窗口，即可在 B28 单元格中查看 1 班、2 班男生成绩汇总结果，如图 9-47 所示。

图 9-46

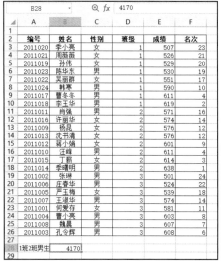

图 9-47

9.6 实例演练

通过前面内容的学习，读者应该已经掌握在表格中进行排序、筛选、分类汇总等方法，下面通过筛选删除空白行等几个实例演练，巩固本章所学内容。

9.6.1 通过筛选删除空白行

对于不连续的多个空白行,用户可以使用筛选中的快速删除功能将其删除。下面详细介绍通过筛选删除空白行的方法。

【例 9-13】 通过筛选删除空白行。

(1) 打开素材表格"通过筛选删除空白行",选中 A1:A10 单元格区域,选择【数据】选项卡,单击【筛选】按钮,如图 9-48 所示。

(2) 此时 A1 单元格右下角出现下拉按钮,单击该按钮,在弹出的列表中勾选【空白】复选框,单击【确定】按钮,如图 9-49 所示。

图 9-48

图 9-49

(3) 此时即可将 A1:A10 单元格区域内的空白行选中,如图 9-50 所示。

(4) 右击选中的空白行区域,在弹出的快捷菜单中选择【删除】|【整行】命令,如图 9-51 所示。

图 9-50

图 9-51

(5) 可以看到空白行已经被删除，再次单击【数据】选项卡中的【筛选】按钮退出筛选状态，如图 9-52 所示。

(6) 通过以上步骤即可完成通过筛选功能删除空白行的操作，如图 9-53 所示。

图 9-52　　　　　　　　　　图 9-53

9.6.2　模糊筛选数据

用于在数据表中筛选的条件，如果不能明确指定某项内容，而是某一类内容(如"姓名"列中的某一个字)，可以使用 WPS Office 提供的通配符来进行筛选，即模糊筛选。

【例 9-14】　筛选出姓"曹"且是 3 个字名字的数据。

(1) 打开"成绩表"工作簿，选中任意一个单元格，单击【数据】选项卡中的【筛选】按钮，如图 9-54 所示，使表格进入筛选模式。

(2) 单击 B2 单元格里的下拉箭头，在弹出的菜单中选择【文本筛选】|【自定义筛选】命令，如图 9-55 所示。

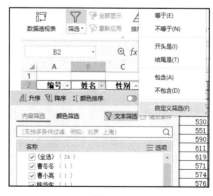

图 9-54　　　　　　　　　　图 9-55

(3) 打开【自定义自动筛选方式】对话框，选择条件类型为【等于】，并在其后的文本框内输入"曹??"，然后单击【确定】按钮，如图 9-56 所示。

(4) 此时会筛选出姓"曹"且是 3 个字名字的数据，如图 9-57 所示。

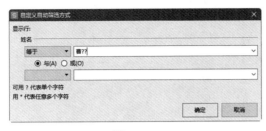

图 9-56　　　　　　　　　　　　　　　图 9-57

9.6.3　分析与汇总商品销售数据表

商品销售数据表记录着一个阶段内各个种类的商品销售情况，通过对商品销售数据的分析可以找出在销售过程中存在的问题。分析与汇总商品销售数据表的方法如下。

【例 9-15】　分析与汇总商品销售数据表。　视频

(1) 打开"案例演练"表格，设置商品编号的数据有效性，完成编号的输入，如图 9-58 所示。

(2) 选中 F3 单元格，输入公式"=D3*E3"，如图 9-59 所示。

图 9-58　　　　　　　　　　　　　　　图 9-59

(3) 按 Enter 键显示计算结果，选中 F3 单元格，将鼠标指针移至单元格右下角，鼠标指针变为黑色十字形状后，拖动鼠标指针向下填充，将公式填充至 F22 单元格，如图 9-60 所示。

(4) 根据需要按照【主要关键字】为【销售金额】，【次要关键字】为【销售数量】等对表格中的数据进行升序排序，如图 9-61 所示。

图 9-60

图 9-61

(5) 使用筛选功能筛选出张××销售员卖出的所有产品，效果如图 9-62 所示。

(6) 根据需要对商品进行分类汇总，效果如图 9-63 所示。

图 9-62

图 9-63

9.7 习题

1. 如何进行数据排序？
2. 如何进行数据筛选？
3. 如何进行数据分类汇总？
4. 如何设置条件格式？

第 10 章

应用图表和数据透视表

在 WPS Office 中,通过插入图表可以更直观地表现表格中数据的发展趋势或分布状况;通过插入数据透视表及数据透视图,可以对数据清单进行重新组织和统计。通过本章的学习,读者可以掌握使用 WPS Office 应用图表和数据透视表分析数据的操作技巧。

本章重点

- 插入图表
- 设置图表
- 制作数据透视表
- 制作数据透视图

二维码教学视频

【例 10-1】 创建图表
【例 10-2】 设置绘图区
【例 10-3】 设置标签
【例 10-4】 设置数据系列颜色
【例 10-5】 创建数据透视表
【例 10-6】 生成数据分析报表

本章内容的其他视频扫描教学视频二维码观看

10.1 插入图表

在 WPS Office 中，图表不仅能够增强视觉效果，起到美化表格的作用，还能更直观、形象地显示出表格中各个数据之间的复杂关系，更易于理解和交流。因此，图表在制作电子表格时具有极其重要的作用。

10.1.1 创建图表

在 WPS Office 中创建图表的方法非常简单，系统自带了很多图表类型，如柱形图、条形图、折线图等，用户只需根据需要进行选择即可。

【例10-1】 在"产品销售表"工作簿中创建图表。

(1) 启动 WPS Office，打开"产品销售表"工作簿，选中 A1:F18 单元格区域，选择【插入】选项卡，单击【全部图表】按钮，如图 10-1 所示。

(2) 打开【图表】对话框，选择一个簇状柱形图选项，如图 10-2 所示。

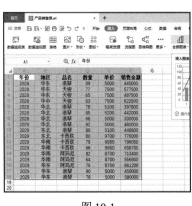

图 10-1

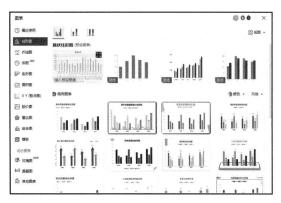

图 10-2

(3) 此时会插入一个簇状柱形图图表，如图 10-3 所示。

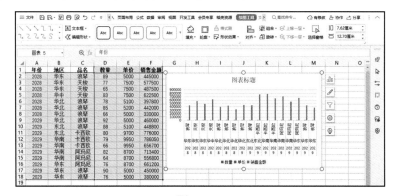

图 10-3

10.1.2 调整图表的位置和大小

在表格中创建图表后，可以根据需要移动图表位置并修改图表的大小。要调整位置，首先选中图表，将鼠标指针移至图表上，指针变为十字箭头形状后，根据需要拖动鼠标指针即可移动图表，如图 10-4 所示。

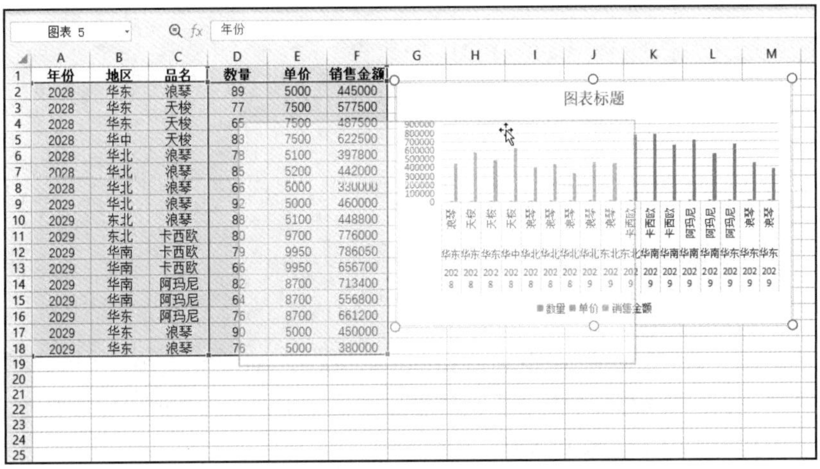

图 10-4

要调整大小，首先选中图表，然后将鼠标指针移至图表四周的控制柄上，指针变为双箭头形状后，向图表内侧拖动鼠标指针至合适位置释放鼠标，即可缩小图表，如图 10-5 所示。

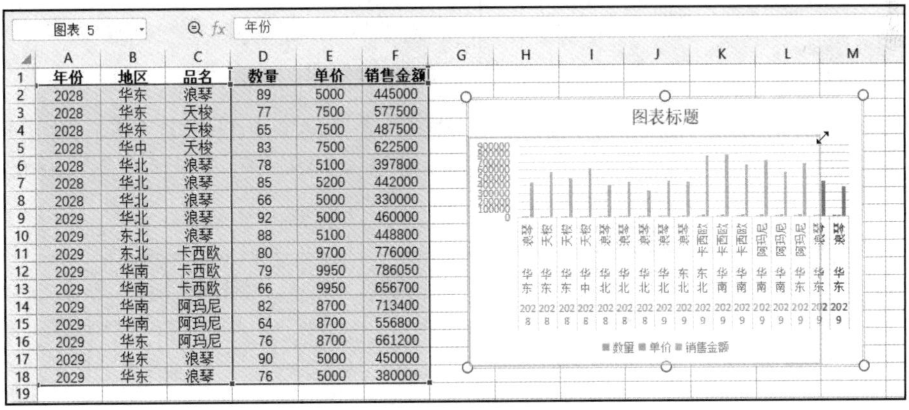

图 10-5

10.1.3 更改图表数据源

在对创建的图表进行修改时，会遇到更改某个数据系列数据源的问题。要更改图表数据源，首先选中图表，在【图表工具】选项卡中单击【选择数据】按钮，如图 10-6 所示，打开【编辑数据源】对话框，单击【图表数据区域】文本框右侧的█按钮，如图 10-7 所示。

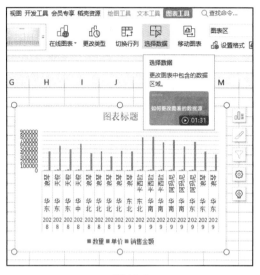
图 10-6

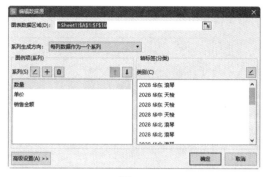
图 10-7

此时可以重新选择数据源表格范围,比如在工作表中选中 A1:F10 单元格区域,然后单击 按钮,如图 10-8 所示,返回【编辑数据源】对话框,单击【确定】按钮即可完成更改图表数据源的操作,改变数据源后的图表如图 10-9 所示。

图 10-8

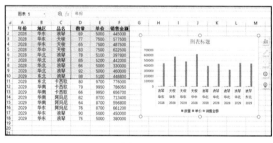
图 10-9

10.1.4 更改图表类型

插入图表后,如果用户对当前图表类型不满意,可以更改图表类型。首先选中图表,在【图表工具】选项卡中单击【更改类型】按钮,如图 10-10 所示。打开【更改图表类型】对话框,在左侧选择【折线图】选项卡,然后单击选择需要的折线图图表,如图 10-11 所示。返回表格,此时柱形图已经变为折线图,如图 10-12 所示。

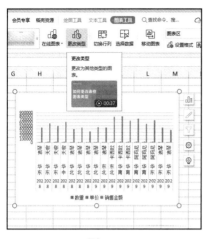
图 10-10

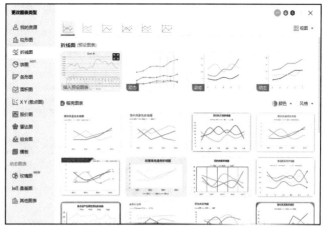
图 10-11

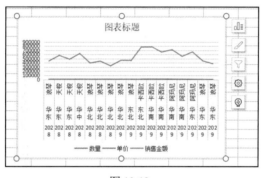
图 10-12

10.2 设置图表

创建图表后,用户可以根据自己的喜好对图表布局和样式进行设置,以达到美化图表的目的。用户可以设置绘图区、图表标签和数据系列颜色等。

10.2.1 设置绘图区

绘图区是图表中描绘图形的区域,其形状是根据表格数据形象化转换而来的。下面介绍设置绘图区的方法。

【例 10-2】 在图表中设置绘图区。 视频

(1) 继续使用【例 10-1】制作的"产品销售表"工作簿,选中图表,在【图表工具】选项卡下的【图表元素】下拉列表中选择【绘图区】选项,如图 10-13 所示。

(2) 选择【绘图工具】选项卡,单击【填充】下拉按钮,在弹出的颜色库中选择一种颜色,如图 10-14 所示。

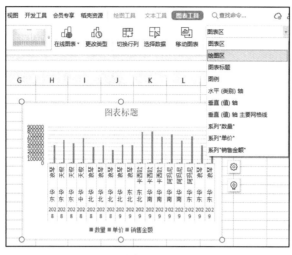

图 10-13　　　　　　　　　图 10-14

(3) 此时绘图区的背景填充颜色已改变,如图 10-15 所示。

(4) 在【绘图工具】选项卡中单击【轮廓】下拉按钮,在弹出的颜色库中选择一种颜色,即可更改绘图区轮廓颜色,如图 10-16 所示。

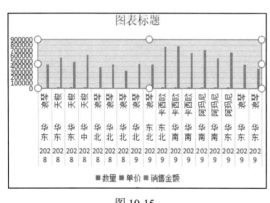
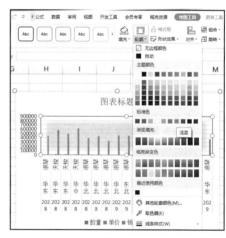

图 10-15　　　　　　　　　图 10-16

10.2.2　设置图表标签

图表标签包括图表标题、坐标轴标题、图例位置、数据标签显示位置等。下面介绍设置图表中各类标签的方法。

【例 10-3】　在图表中设置各类标签。　视频

(1) 继续使用【例 10-2】制作的"产品销售表"工作簿,选中图表,在【图表工具】选项卡中单击【添加元素】下拉按钮,选择【图表标题】选项,显示【图表标题】子菜单,在子菜单中可以选择图表标题的显示位置,以及是否显示图表标题,如图 10-17 所示。

(2) 单击图表标题,在文本框中重新输入标题文本,如图 10-18 所示。

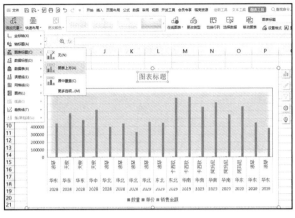
图 10-17

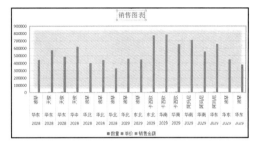
图 10-18

(3) 单击【添加元素】下拉按钮,选择【图例】选项,显示【图例】子菜单,在该子菜单中可以设置图表图例的显示位置,以及是否显示图例,如图 10-19 所示。

(4) 单击【添加元素】下拉按钮,选择【数据标签】选项,显示【数据标签】子菜单,在该子菜单中可以设置数据标签在图表中的显示位置,如图 10-20 所示。

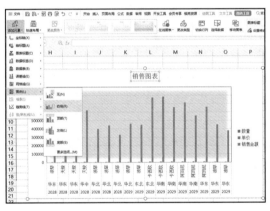
图 10-19

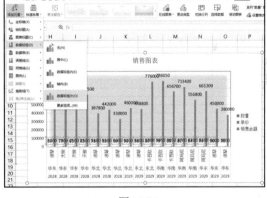
图 10-20

10.2.3 设置数据系列颜色

数据系列是根据用户指定的图表类型,以系列的方式显示在图表中的可视化数据。下面介绍设置数据系列颜色的方法。

【例 10-4】 在图表中设置数据系列颜色。 视频

(1) 继续使用【例 10-3】制作的"产品销售表"工作簿,单击选中数据系列,选择【绘图工具】选项卡,单击【填充】下拉按钮,选择【渐变】命令,如图 10-21 所示。

(2) 打开【属性】窗格，选中【渐变填充】单选按钮，在【填充】下拉列表中选择一种填充样式，如图 10-22 所示。

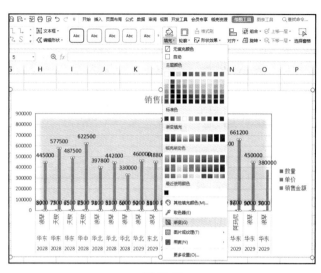

图 10-21　　　　　　　　　　　　　　图 10-22

(3) 此时数据系列条改变显示效果，如图 10-23 所示。

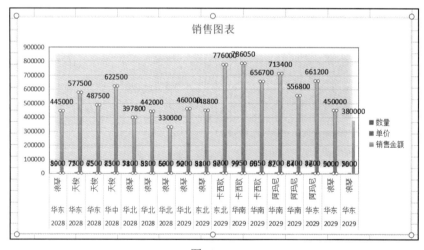

图 10-23

10.2.4　设置图表格式和布局

用户可以根据需要自定义设置图表的相关格式，包括图表形状的样式、图表文本样式等，让图表变得更加美观。

选择【图表工具】选项卡，单击【设置格式】按钮，如图 10-24 所示。打开【属性】窗格，显示【图表选项】和【文本选项】两个选项卡，在其中可以对应设置图表和文字的格式效果，如图 10-25 所示。

图 10-24　　　　　　　　　　　　　　　图 10-25

此外 WPS Office 还预设了多种布局效果，选择【图表工具】选项卡，单击【快速布局】下拉按钮，在弹出的下拉列表中可以为图表套用预设的图表布局，如图 10-26 所示。

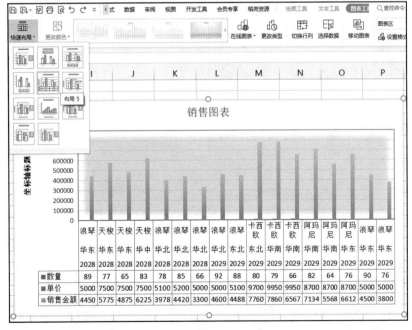

图 10-26

10.3 制作数据透视表

使用数据透视表功能,可以根据基础表中的字段,从成千上万条数据记录中直接生成汇总表。当数据源工作表符合创建数据透视表的要求时,即可创建透视表,以便更好地对工作表进行分析和处理。

10.3.1 创建数据透视表

要创建数据透视表,首先要选择需要创建透视表的单元格区域。值得注意的是,数据内容要存在分类,数据透视表进行汇总才有意义。

【例 10-5】 在"产品销售表"工作簿中创建数据透视表。 视频

(1) 继续使用【例 10-4】制作的"产品销售表"工作簿,选中数据区域中的任意单元格,选择【插入】选项卡,单击【数据透视表】按钮,如图 10-27 所示。

(2) 打开【创建数据透视表】对话框,保持默认选项,单击【确定】按钮,如图 10-28 所示。

图 10-27

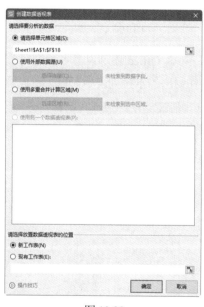
图 10-28

(3) 在显示的【数据透视表】窗格中,在【字段列表】中勾选需要在数据透视表中显示的字段复选框,在【数据透视表区域】中将【年份】字段拖动到【筛选器】下,调整字段在数据透视表中显示的位置,如图 10-29 所示。

(4) 返回工作簿中的新工作表,将其重命名为"数据透视表",完成后的数据透视表的结构设置如图 10-30 所示。

第 10 章 应用图表和数据透视表

图 10-29

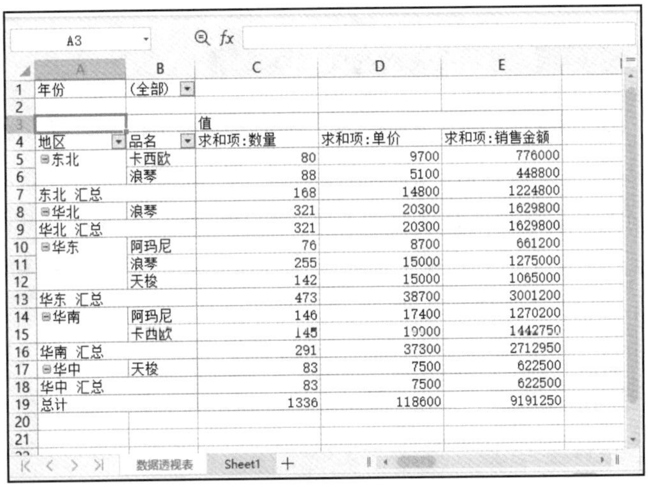

图 10-30

10.3.2 布局数据透视表

成功创建数据透视表后，用户可以通过设置数据透视表的布局，使数据透视表能够满足不同角度数据分析的需求。当字段显示在数据透视表的列区域或行区域时，将显示字段中的所有项。但如果字段位于筛选区域中，其所有项都将成为数据透视表的筛选条件。用户可以控制在数据透视表中只显示满足筛选条件的项。

1. 显示筛选字段的多个数据项

若用户需要对报表筛选字段中的多个项进行筛选，可以使用以下方法。例如，单击如图 10-30 所示的数据透视表筛选字段中【年份】后的下拉按钮，勾选需要显示年份数据前的复选框，勾选【选择多项】复选框，然后单击【确定】按钮，如图 10-31 所示，完成以上操作后，数据透视表的内容也将发生相应的变化，如图 10-32 所示。

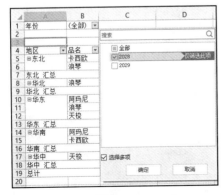

图 10-31

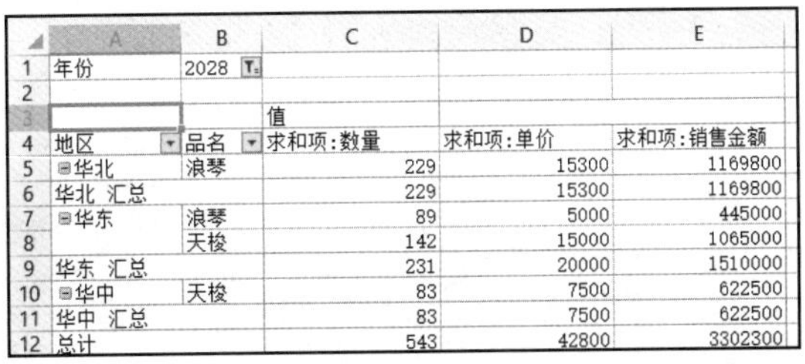

图 10-32

221

2. 显示报表筛选页

通过选择报表筛选字段中的项目，用户可以对数据透视表的内容进行筛选，筛选结果仍然显示在同一个表格内。

【例 10-6】 显示报表筛选页。

(1) 继续使用【例 10-5】制作的"产品销售表"工作簿，选择"数据透视表"工作表，选中任意数据单元格，打开【数据透视表】窗格，添加所有字段，将【品名】和【年份】字段拖动到【筛选器】区域，将【地区】字段拖动到【行】区域，如图 10-33 所示。

(2) 选择【分析】选项卡，单击【选项】下拉按钮，在弹出的下拉列表中选择【显示报表筛选页】选项，如图 10-34 所示。

图 10-33

图 10-34

(3) 打开【显示报表筛选页】对话框，选中【品名】选项，单击【确定】按钮，如图 10-35 所示。

(4) 此时将根据【品名】字段中的数据，创建对应的工作表，例如，单击【品名】后的筛选按钮，在菜单中选择【浪琴】选项，单击【确定】按钮，如图 10-36 所示，即可显示相关数据。

图 10-35

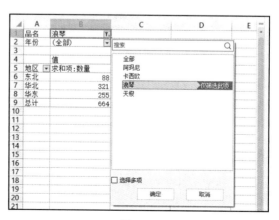

图 10-36

10.3.3　设置数据透视表

在创建数据透视表后，可以对数据透视表进行设置，如设置数据透视表的值字段数据格式及汇总方式等。

1. 设置值字段数据格式

数据透视表默认的格式是常规型数据，用户可以手动对数据格式进行设置。下面介绍设置值字段数据格式的操作方法。

【例 10-7】 设置值字段数据格式。 视频

(1) 继续使用【例 10-5】制作的“产品销售表”工作簿，选择“数据透视表”工作表，选中任意数据单元格，打开【数据透视表】窗格，单击【值】列表框中的【求和项：销售金额】下拉按钮，选择【值字段设置】选项，如图 10-37 所示。

(2) 打开【值字段设置】对话框，单击【数字格式】按钮，如图 10-38 所示。

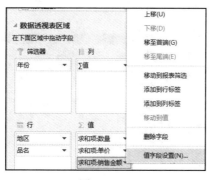

图 10-37

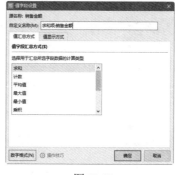

图 10-38

(3) 打开【单元格格式】对话框，在【分类】列表框中选择【货币】选项，设置【小数位数】和【货币符号】选项的参数，单击【确定】按钮，如图 10-39 所示。

(4) 返回【值字段设置】对话框，单击【确定】按钮，此时数据透视表中【求和项:销售金额】一列的数据都添加了货币符号，效果如图 10-40 所示。

图 10-39

	A	B	C	D	E
1	年份	(全部)			
2					
3			值		
4	地区	品名	求和项:数量	求和项:单价	求和项:销售金额
5	⊟东北	卡西欧	80	9700	￥776,000
6		浪琴	88	5100	￥448,800
7	东北 汇总		168	14800	￥1,224,800
8	⊟华北	浪琴	321	20300	￥1,629,800
9	华北 汇总		321	20300	￥1,629,800
10	⊟华东	阿玛尼	76	8700	￥661,200
11		浪琴	255	15000	￥1,275,000
12		天梭	142	15000	￥1,065,000
13	华东 汇总		473	38700	￥3,001,200
14	⊟华南	阿玛尼	146	17400	￥1,270,200
15		卡西欧	145	19900	￥1,442,750
16	华南 汇总		291	37300	￥2,712,950
17	⊟华中	天梭	83	7500	￥622,500
18	华中 汇总		83	7500	￥622,500
19	总计		1336	118600	￥9,191,250

图 10-40

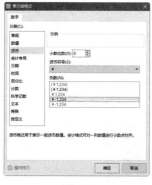

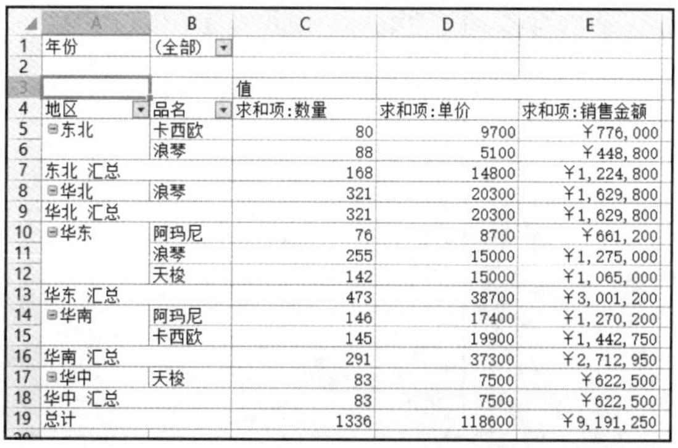

提示

在数据透视表中选择值字段对应的任意单元格,单击【分析】选项卡中的【字段设置】按钮,也可以打开【值字段设置】对话框。除此之外,在该对话框中还可以自定义字段名称和选择字段的汇总方式。

2. 设置值字段汇总方式

数据透视表中的值汇总方式有多种,包括求和、计数、平均值、最大值、最小值、乘积等。下面介绍设置值字段汇总方式的操作方法。

【例 10-8】 设置值字段汇总方式。 视频

(1) 继续使用【例 10-7】制作的"产品销售表"工作簿,选择"数据透视表"工作表,在数据透视表中右击 A19 单元格,在弹出的快捷菜单中选择【值字段设置】命令,如图 10-41 所示。

(2) 打开【值字段设置】对话框,在【选择用于汇总所选字段数据的计算类型】列表框中选择【最大值】选项,单击【确定】按钮,如图 10-42 所示。

图 10-41

图 10-42

(3) 此时【值汇总方式】变成【最大值项:数量】格式,如图 10-43 所示。

图 10-43

3. 套用数据透视表样式

WPS Office 内置了多种数据透视表的样式，下面介绍应用样式的方法。

【例 10-9】 改变数据透视表样式。 视频

(1) 继续使用【例 10-8】制作的"产品销售表"工作簿，选择"数据透视表"工作表，在数据透视表内选择任意单元格，选择【设计】选项卡，单击【选择数据透视表的外观样式】下拉按钮，在弹出的样式列表中选择一种样式，如图 10-44 所示。

(2) 此时数据透视表已经应用该样式，效果如图 10-45 所示。

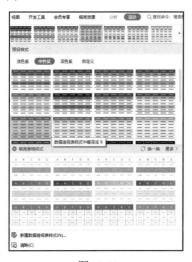

图 10-44　　　　　　　　　　　图 10-45

10.4 制作数据透视图

和数据透视表不同，数据透视图可以更直观地展示出数据的数量和变化，反映数据间的对比关系，用户更容易从数据透视图中找到数据的变化规律和趋势。

10.4.1 插入数据透视图

数据透视图可以通过数据源工作表进行创建。下面介绍插入数据透视图的操作方法。

【例 10-10】 插入数据透视图。 视频

(1) 继续使用【例 10-9】制作的"产品销售表"工作簿，选择 Sheet 表中的 A1:F18 单元格区域，选择【插入】选项卡，单击【数据透视图】按钮，如图 10-46 所示。

(2) 打开【创建数据透视图】对话框，选中【新工作表】单选按钮，单击【确定】按钮，如图 10-47 所示。

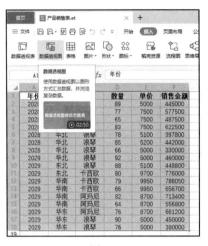

图 10-46　　　　　　　　　　　　　图 10-47

(3) 此时在新工作表 Sheet2 中插入数据透视图，设置相关字段后，单击【图表工具】选项卡中的【更改类型】按钮，如图 10-48 所示。

(4) 打开【更改图表类型】对话框，选择一种折线图类型，如图 10-49 所示。

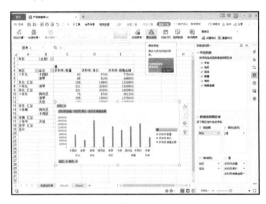
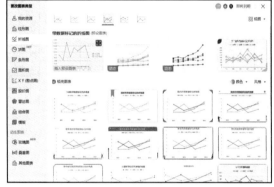

图 10-48　　　　　　　　　　　　　图 10-49

(5) 设置完毕后，表格中的数据透视图效果如图 10-50 所示。

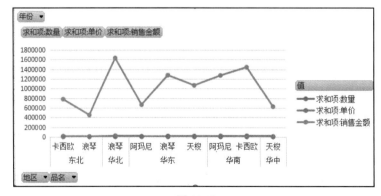

图 10-50

10.4.2 设置数据透视图

对数据透视图可以灵活进行设置，下面介绍设置并美化数据透视图的操作方法。

【例 10-11】 设置数据透视图。

(1) 继续使用【例 10-10】制作的"产品销售表"工作簿，选择 Sheet2 表中数据透视图的图表区，选择【绘图工具】选项卡，单击【填充】下拉按钮，在弹出的颜色库中选择一种颜色，如图 10-51 所示。

(2) 此时图表区已经填充完毕，选择透视图的绘图区，单击【填充】下拉按钮，在弹出的颜色库中选择一种颜色，如图 10-52 所示。

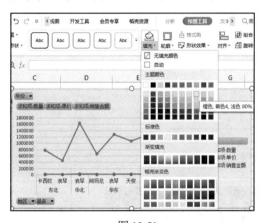

图 10-51　　　　　　　　　　图 10-52

(3) 在【属性】窗格中选择【绘图区选项】|【效果】选项卡，设置【发光】选项，如图 10-53 所示。

(4) 此时数据透视图中绘图区轮廓显示发光效果，如图 10-54 所示。

图 10-53

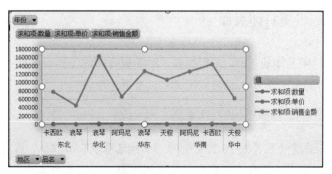

图 10-54

10.5 设置和打印报表

在实际工作中将电子报表打印成纸质文件的情况相当普遍，WPS Office 提供的设置页面、设置打印区域、打印预览等打印功能，可以对制作好的电子表格进行打印设置，并美化打印效果。

10.5.1 预览打印效果

WPS Office 提供打印预览功能，用户可以通过该功能查看打印效果，如页面设置、分页符效果等。若不满意可以及时调整，避免打印后不能使用而造成浪费。

【例 10-12】预览打印效果。 视频

(1) 打开"中标记录表"工作簿，单击【文件】按钮，选择【打印】|【打印预览】命令，如图 10-55 所示。

(2) 进入【打印预览】界面，如果是多页表格，可以单击【页面跳转】上下键按钮选择页数预览，如图 10-56 所示。

图 10-55

图 10-56

10.5.2 设置打印页面

在打印工作表之前，可根据要求对希望打印的工作表进行一些必要的设置，例如，设置打印的方向、纸张的大小、页眉或页脚，以及页边距等。

【例 10-13】设置打印页面。 视频

(1) 继续使用【例 10-12】中的"中标记录表"工作簿，在【打印预览】界面单击【页边距】按钮，显示页边距线，当鼠标放置于线上会显示上下或左右箭头，可以拖动调整页边距的实际大小，如图 10-57 所示。

(2) 单击【横向】按钮,可以将表格设置为页面横向(纸张方向),适合打印宽表,如图 10-58 所示。

图 10-57

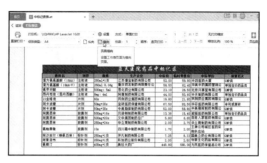
图 10-58

(3) 单击【纸张类型】下拉按钮,在弹出的下拉列表中选择【A4】,该下拉列表用于选择纸张类型,如图 10-59 所示。

(4) 此外可以单击【页面设置】按钮,打开【页面设置】对话框,在该对话框中可以设置更加精确的页面、页边距、页眉/页脚等选项参数,如图 10-60 所示。

图 10-59

图 10-60

(5) 用户还可以设置打印区域,只打印工作表中所需的部分。比如选定表格的前 5 行,在【页面布局】选项卡中单击【打印区域】按钮,在弹出的下拉菜单中选择【设置打印区域】命令,如图 10-61 所示。

(6) 进入【打印预览】界面,可以看到预览窗格中只显示表格的前 5 行,表示打印区域为表格的前 5 行,如图 10-62 所示。

图 10-61

图 10-62

10.5.3 打印表格

设置工作表的打印页面效果并在打印预览窗口确认打印效果之后,就可以打印该工作表。

【例 10-14】 设置完毕后打印表格。

(1) 继续使用【例 10-12】中的"中标记录表"工作簿,在【打印预览】界面可以选择要使用的打印机,并设置打印份数、打印顺序等选项,如图 10-63 所示。

图 10-63

(2) 单击【设置】按钮,打开【打印】对话框,也可以设置打印的各种选项,如图 10-64 所示,单击【确定】按钮。设置完毕后单击【直接打印】按钮即可打印表格。

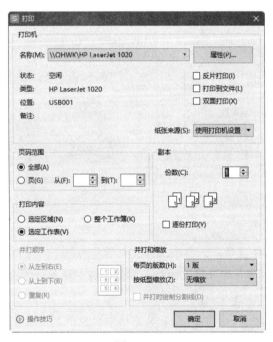

图 10-64

10.6 实例演练

通过前面内容的学习,读者应该已经掌握在表格中使用图表和数据透视表来查看和分析数据的方法,下面通过创建组合图表等几个实例演练,巩固本章所学内容。

10.6.1 创建组合图表

在同一个图表中需要同时使用两种图表类型的图表即为组合图表,如由柱状图和折线图组成的线柱组合图表。

【例 10-15】 在"调查分析表"工作簿中创建线柱组合图表。 视频

(1) 打开"调查分析表"工作簿,选中 A1:F14 单元格区域,选择【插入】选项卡,单击【全部图表】按钮,如图 10-65 所示。

(2) 打开【图表】对话框,选中一款簇状柱形图,如图 10-66 所示。

图 10-65

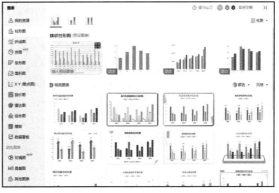

图 10-66

(3) 此时,在工作表中创建如图 10-67 所示的图表。

(4) 单击图表中表示【销售金额】的任意一个橘色柱体,则会选中所有关于【销售金额】的数据柱体,被选中的数据柱体 4 个角上会显示小圆圈符号,在【图表工具】选项卡中单击【更改类型】按钮,如图 10-68 所示。

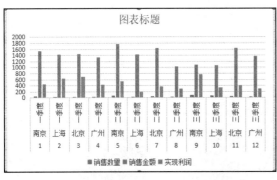

图 10-67

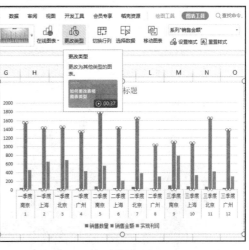

图 10-68

(5) 打开【更改图表类型】对话框,选择【组合图】选项,在对话框右侧的列表框中单击【销售金额】下拉按钮,在弹出的菜单中选择【带数据标记的堆积折线图】选项,然后单击【插入预设图表】按钮,如图 10-69 所示。

(6) 此时,原来的【销售金额】柱体变为折线,完成线柱组合图表的制作,如图 10-70 所示。

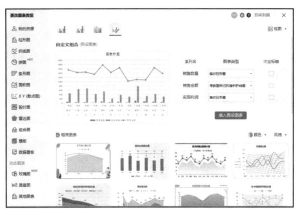

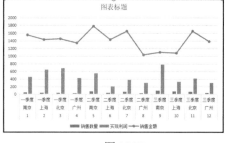

图 10-69　　　　　　　　　　　　　　图 10-70

10.6.2　计算不同地区销售额平均数

下面将在"销售数据表"工作簿中创建数据透视表,统计对比不同地区销售金额的平均值。

【例 10-16】创建数据透视表,计算平均值。 视频

(1) 打开"销售数据表"工作簿,选中 A1:F18 单元格区域,单击【插入】选项卡下的【数据透视表】按钮,如图 10-71 所示。

(2) 打开【创建数据透视表】对话框,保持默认选项,单击【确定】按钮,如图 10-72 所示。

图 10-71　　　　　　　　　　　　　　图 10-72

(3) 此时在新建的工作表中创建数据透视表,在【数据透视表】窗格中选中字段【地区】【品名】【数量】【销售金额】,并调整各字段位置,此时【销售金额】默认的是【求和项】,右击鼠标,在弹出的菜单中选择【值字段设置】命令,如图 10-73 所示。

(4) 打开【值字段设置】对话框,设置【选择用于汇总所选字段数据的计算类型】为【平均值】,单击【确定】按钮,如图 10-74 所示。

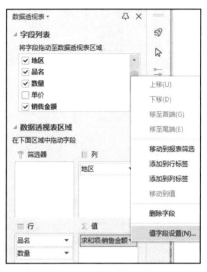

图 10-73　　　　　　　　　　　　　　图 10-74

(5) 在数据透视表中查看不同地区不同商品销售金额的平均值,如图 10-75 所示。

(6) 选中数据透视表中所有带数据的单元格,单击【开始】选项卡中的【条件格式】按钮,在下拉菜单中选择【色阶】|【绿-白色阶】选项,如图 10-76 所示。

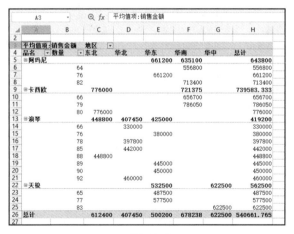

图 10-75　　　　　　　　　　　　　　图 10-76

(7) 此时,数据透视表会按照表格中的数据填充上深浅不一的颜色。通过颜色对比,可以很快分析出哪个地区的销售额平均值最高,哪种商品的销售额平均值最高,如图 10-77 所示。

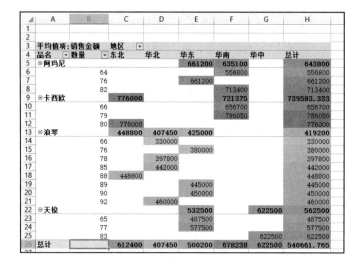

图 10-77

10.7 习题

1. 简述在文档中插入图表的方法。
2. 如何设置图表?
3. 简述制作数据透视表的方法。
4. 简述制作数据透视图的方法。
5. 如何设置和打印报表?

第 11 章

创建演示与制作幻灯片

本章主要介绍演示文稿、幻灯片和设计幻灯片母版操作方面的知识与技巧，以及如何编辑幻灯片等内容。通过本章的学习，读者可以掌握创建和编辑幻灯片的基础操作等知识。

本章重点

- 创建演示
- 幻灯片基础操作
- 设计幻灯片母版
- 丰富幻灯片内容

二维码教学视频

【例 11-1】 根据模板新建演示
【例 11-2】 添加和删除幻灯片
【例 11-3】 设置母版背景
【例 11-4】 设置母版占位符
【例 11-5】 输入文本
【例 11-6】 添加艺术字

本章内容的其他视频扫描教学视频二维码观看

11.1 创建演示

演示文稿(简称演示)由一张张幻灯片组成,可以通过计算机屏幕或投影机进行播放。本节主要介绍创建演示的基本操作,包括新建空白演示和根据模板新建演示。

11.1.1 创建空白演示

空白演示是一种形式最简单的演示文稿,没有应用模板设计、配色方案及动画方案,可以自由设计。

启动 WPS Office,进入【新建】窗口,选择【新建演示】选项卡,选择【新建空白演示】图示,如图 11-1 所示。此时 WPS Office 创建了一个名为"演示文稿 1"的空白演示,如图 11-2 所示。

图 11-1

图 11-2

11.1.2 根据模板新建演示

WPS Office 为用户提供了多种演示文稿和幻灯片模板,用户可以根据模板新建演示文稿,下面介绍根据模板新建演示文稿的操作方法。

【例 11-1】 选择一个模板新建演示文稿。 视频

(1) 启动 WPS Office,进入【新建】窗口,选择【新建演示】选项卡,在上方的文本框中输入"云南",然后单击【搜索】按钮,在下方的模板区域中选择一个云南旅游模板,单击【立即使用】按钮,如图 11-3 所示。

(2) 此时创建一个名为"演示文稿 1"的带有内容的演示文稿,如图 11-4 所示。

(3) 单击【保存】按钮 ,打开【另存文件】对话框,选择文件保存位置,在【文件名】文本框中输入名称,单击【保存】按钮,如图 11-5 所示。

图 11-3

图 11-4

图 11-5

11.2 幻灯片基础操作

幻灯片的基础操作是制作演示文稿的基础，因为 WPS 演示中几乎所有的操作都是在幻灯片中完成的。幻灯片基础操作包括添加和删除幻灯片、复制和移动幻灯片等。

11.2.1 添加和删除幻灯片

在 WPS Office 中创建演示文稿后，用户可以根据需要添加或删除幻灯片。下面介绍添加和删除幻灯片的方法。

【例 11-2】添加和删除幻灯片。 视频

(1) 启动 WPS Office，选中第 3 张幻灯片，在【插入】选项卡中单击【新建幻灯片】下拉按钮，在弹出的菜单中选择一个模板样式，如图 11-6 所示。

(2) 此时会在【幻灯片】窗格中添加新的第 4 张幻灯片，如图 11-7 所示。

图 11-6

图 11-7

(3) 按住 Shift 键连续选中第 12~15 张幻灯片，右击鼠标，在弹出的快捷菜单中选择【删除幻灯片】命令，如图 11-8 所示。

(4) 此时可以看到选中的幻灯片已经被删除，并显示前一张幻灯片，如图 11-9 所示。

图 11-8

图 11-9

11.2.2 复制和移动幻灯片

要复制幻灯片，可以先在【幻灯片】窗格中右击幻灯片，在弹出的快捷菜单中选择【复制幻灯片】命令，如图 11-10 所示。此时，【幻灯片】窗格中原幻灯片的下方已经复制出了一张相同的幻灯片，如图 11-11 所示。

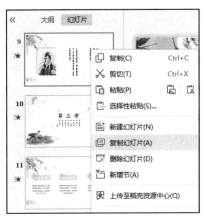
图 11-10

图 11-11

将鼠标指针移动到刚刚复制的幻灯片上，按住鼠标左键不放，将其拖动到第 11 张幻灯片下方，如图 11-12 所示。松开鼠标即可看到幻灯片已经被移动，效果如图 11-13 所示。

图 11-12

图 11-13

11.2.3 快速套用版式

版式是指幻灯片中各种元素的排列组合方式，WPS 演示文稿提供多种版式供用户快速选择使用。首先选中 1 张幻灯片缩略图，在【开始】选项卡中单击【版式】下拉按钮，在弹出的【母版版式】下拉列表中选择一个版式，如图 11-14 所示。此时该幻灯片的版式已经被更改，如图 11-15 所示。

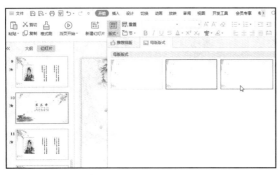
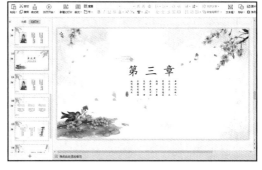

图 11-14　　　　　　　　　　　　　　图 11-15

11.3　设计幻灯片母版

幻灯片母版决定着幻灯片的外观，可供用户设置各种标题文字、背景、属性等，只需要修改其中 1 项内容就可以更改所有幻灯片的设计。本节主要讲解幻灯片母版的设计和修改的相关知识。

11.3.1　设置母版背景

一个完整且专业的演示文稿，它的内容、背景、配色和文字格式都有着统一的设置，为了实现统一的设置就需要用到幻灯片母版的设计。若要为所有幻灯片应用统一的背景，可在幻灯片母版中进行设置。

【例 11-3】　设置母版背景。 视频

(1) 继续使用【例 11-2】制作的"旅游 PPT"演示，选择【设计】选项卡，单击【编辑母版】按钮，如图 11-16 所示。

(2) 在【母版幻灯片】窗格中选择第 1 张幻灯片，单击【幻灯片母版】选项卡中的【背景】按钮，如图 11-17 所示。

图 11-16　　　　　　　　　　　　　　图 11-17

(3) 打开【对象属性】窗格，在【填充】选项区域选中【图案填充】单选按钮，设置图案的前景和背景颜色，并选择填充样式，如图 11-18 所示。

(4) 此时查看母版背景效果，每张幻灯片的背景都一致发生改变，如图 11-19 所示。

 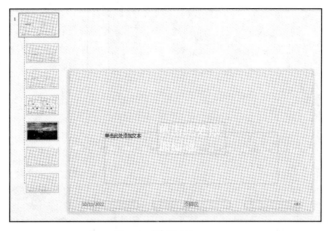

　　图 11-18　　　　　　　　　　　　　　　　图 11-19

> **提示**
>
> 用户可以将模板背景应用于单个幻灯片，进入编辑幻灯片母版状态后，如果选择母版幻灯片中的第 1 张幻灯片，那么在母版中进行的设置将应用于所有的幻灯片。如果想要单独设计一张母版幻灯片，则需要选择除第 1 张母版幻灯片外的某一张幻灯片并对其进行设计，这样不会将设置应用于所有幻灯片。

11.3.2 设置母版占位符

演示文稿中所有幻灯片的占位符是固定的，如果要修改每个占位符格式，则既费时又费力。此时用户可以在幻灯片母版中预先设置好各占位符的位置、大小、字体和颜色等格式，使幻灯片中的占位符都自动应用该格式。

【例 11-4】 设置母版占位符。 视频

(1) 继续使用【例 11-3】制作的"旅游 PPT"演示，进入母版编辑模式，选择第 1 张幻灯片，选中标题占位符，在【文本工具】选项卡中设置占位符的字体、字号和颜色分别为"华文隶书、50、白色"，如图 11-20 所示。

(2) 按照相同的方法，将下方的副标题占位符的文本格式设置为"楷体、32、黑色"，如图 11-21 所示。

(3) 选择【插入】选项卡，单击【形状】下拉按钮，在弹出的形状库中选择【矩形】样式，如图 11-22 所示。

(4) 拖动鼠标指针在幻灯片中绘制一个矩形，然后选中矩形，在【绘图工具】选项卡中单击【轮廓】下拉按钮，在弹出的下拉菜单中选择【无边框颜色】选项，如图 11-23 所示。

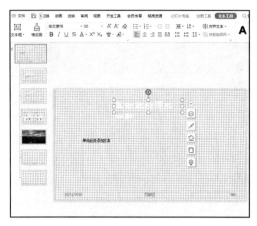

图 11-20　　　　　　　　　　　图 11-21

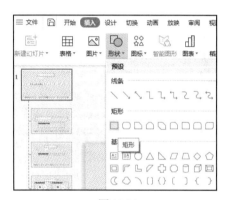
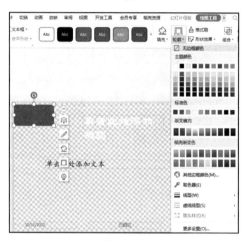

图 11-22　　　　　　　　　　　图 11-23

(5) 拉长矩形，将其放置在下面的占位符上，然后单击【填充】下拉按钮，在弹出的颜色库中选择一种颜色，如图 11-24 所示。

(6) 右击矩形，在弹出的快捷菜单中选择【置于底层】命令，如图 11-25 所示。

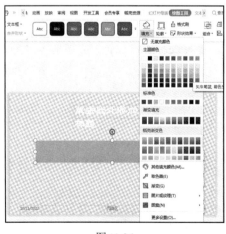
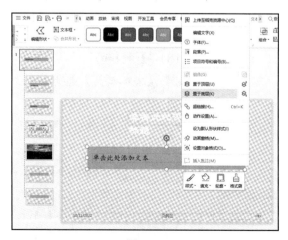

图 11-24　　　　　　　　　　　图 11-25

(7) 选择【幻灯片母版】选项卡，单击【关闭】按钮退出编辑母版模式，如图 11-26 所示。

图 11-26

(8) 返回演示窗口，删除不需要的幻灯片，显示母版设计后的幻灯片效果，如图 11-27 所示。

图 11-27

11.4 丰富幻灯片内容

仅仅设置好母版幻灯片的版式是不够的，还需要为幻灯片添加文字、图片等信息，并突出显示重点内容。本节将详细介绍丰富幻灯片内容的相关知识。

11.4.1 编排文字

在演示文稿中，不能直接在幻灯片里输入文字，只能通过占位符或文本框来添加文本。

【例 11-5】 输入文本并设置格式。 视频

(1) 继续使用【例 11-4】制作的"旅游 PPT"演示，选中第 1 张幻灯片，在【插入】选项卡中单击【文本框】按钮，如图 11-28 所示。

(2) 在第 1 张幻灯片上绘制一个文本框，并输入文本"之旅"，在【文本工具】选项卡中设置字体、字号和颜色，如图 11-29 所示。

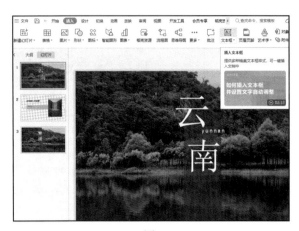

图 11-28　　　　　　　　　　　图 11-29

(3) 选中第 2 张幻灯片，在占位符中输入标题和内容文本，分别设置字体格式，如图 11-30 所示。

(4) 单击【开始】选项卡中的【新建幻灯片】按钮，新建 1 张幻灯片，如图 11-31 所示。

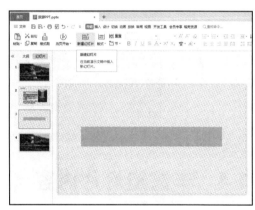

图 11-30　　　　　　　　　　　图 11-31

(5) 选中第 3 张幻灯片，添加文本框，输入标题和文本内容，并分别设置文本格式，效果如图 11-32 所示。

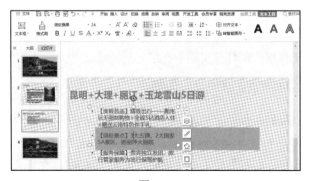

图 11-32

11.4.2 插入艺术字

艺术字是一种特殊的图形文字，常被用来表现幻灯片的标题文字。用户既可以像对普通文字一样设置其字号、加粗、倾斜等效果，也可以像对图形那样设置它的边框、填充等属性。

【例 11-6】 添加艺术字并进行设置。

(1) 继续使用【例 11-5】制作的"旅游 PPT"演示，选中第 2 张幻灯片，在【插入】选项卡中单击【艺术字】按钮，在弹出的下拉列表中选择一种艺术字样式，如图 11-33 所示。

(2) 在艺术字占位符中输入文字，在【文本工具】选项卡中设置字体和字号，效果如图 11-34 所示。

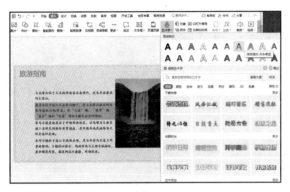

图 11-33　　　　　　　　　　图 11-34

(3) 在【文本工具】选项卡中单击【文本效果】按钮，在弹出的下拉菜单中选择【三维旋转】|【极左极大】选项，如图 11-35 所示。

(4) 此时的艺术字效果如图 11-36 所示。

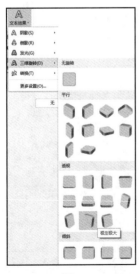

图 11-35　　　　　　　　　　图 11-36

11.4.3 插入图片

在幻灯片中可以插入本机磁盘中的图片，可以是本地的图片，也可以是已经下载的或通过数码相机输入的图片等。

【例 11-7】 插入并编辑图片。 视频

(1) 继续使用【例 11-6】制作的"旅游 PPT"演示，选择第 2 张幻灯片，删除原有图片，然后在【插入】选项卡中单击【图片】下拉按钮，选择【本地图片】选项，如图 11-37 所示。

(2) 打开【插入图片】对话框，选择需要的图片后，单击【打开】按钮，如图 11-38 所示。

图 11-37

图 11-38

(3) 调整插入图片的大小和位置，然后在【图片工具】选项卡中单击【裁剪】下拉按钮，选择【裁剪】|【圆角矩形】选项，如图 11-39 所示。

(4) 裁剪出呈圆角矩形形状的图形，效果如图 11-40 所示。

图 11-39

图 11-40

(5) 使用相同的方法，新建幻灯片，然后插入 3 张图片，效果如图 11-41 所示。

(6) 右击其中 1 张图片，在弹出的快捷菜单中选择【置于底层】命令，并调整其余两张图片的大小和位置，如图 11-42 所示。

图 11-41　　　　　　　　　　　　　　　图 11-42

(7) 选择右上图，在【图片工具】选项卡中单击【效果】按钮，在弹出的下拉菜单中选择一种倒影效果，如图 11-43 所示。

(8) 选择右下图，在【图片工具】选项卡中单击【效果】按钮，在弹出的下拉菜单中选择一种柔化边缘效果，如图 11-44 所示。

图 11-43　　　　　　　　　　　　　　　图 11-44

11.4.4　插入表格

制作一些专业型演示文稿时，通常需要使用表格，如销售统计表、财务报表等。表格采用行列化的形式，它与幻灯片页面文字相比，更能体现出数据的对应性及内在的联系。

【例 11-8】 插入并编辑表格。

(1) 继续使用【例 11-7】制作的"旅游 PPT"演示，选择第 4 张幻灯片，在【插入】选项卡中单击【表格】下拉按钮，选择 5 行 3 列的表格，如图 11-45 所示。

(2) 插入表格后，通过拖动表格四周控制点来调整大小和位置，如图 11-46 所示。

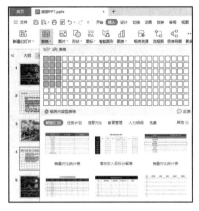 

图 11-45　　　　　　　　　　　　　图 11-46

(3) 在表格中输入文本并设置文本格式，如图 11-47 所示。

(4) 选中表格，在【表格样式】选项卡中单击【表格样式】下拉按钮，选择一款表格样式，此时的表格效果如图 11-48 所示。

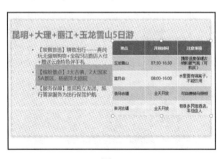 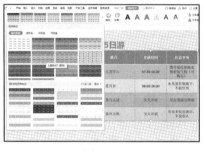

图 11-47　　　　　　　　　　　　　图 11-48

(5) 单击【文本效果】下拉按钮，选择一种文字发光效果，表格效果如图 11-49 所示。

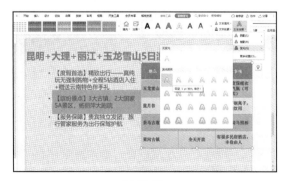

图 11-49

11.4.5 插入音频和视频

在 WPS Office 中可以方便地插入音频和视频等多媒体对象，使用户的演示文稿从画面到声音，多方位地向观众传递信息。

1. 插入音频

在演示中可以插入多种类型的声音文件，包括各种采集的模拟声音和数字音频等。

【例 11-9】 在幻灯片中插入音频。 视频

(1) 继续使用【例 11-8】制作的"旅游 PPT"演示，选择第 1 张幻灯片，在【插入】选项卡中单击【音频】下拉按钮，在弹出的下拉菜单中选择【嵌入音频】命令，如图 11-50 所示。

(2) 打开【插入音频】对话框，选择一个音频文件，单击【打开】按钮，如图 11-51 所示。

图 11-50

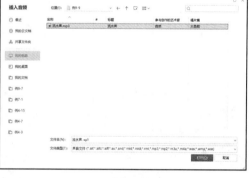

图 11-51

(3) 此时将出现声音图标，使用鼠标将其拖动到幻灯片的左下角，单击【播放】按钮可以播放声音，如图 11-52 所示。

(4) 在【音频工具】选项卡中勾选【循环播放，直至停止】和【放映时隐藏】复选框，如图 11-53 所示。

图 11-52

图 11-53

2. 插入视频

在演示中可以插入多种类型的视频文件，此外也能插入 Flash 动画。

【例 11-10】 在幻灯片中插入视频。 视频

(1) 继续使用【例 11-9】制作的"旅游 PPT"演示，选择第 5 张幻灯片，在【插入】选项卡中单击【视频】下拉按钮，在弹出的下拉菜单中选择【嵌入视频】命令，如图 11-54 所示。

(2) 打开【插入视频】对话框，选择一个视频文件，单击【打开】按钮，如图 11-55 所示。

图 11-54

图 11-55

(3) 此时将出现视频方框，使用鼠标将其拖动到幻灯片的右下角，单击【播放】按钮可以播放视频，如图 11-56 所示。

(4) 在【视频工具】选项卡中勾选【未播放时隐藏】复选框，然后单击【视频封面】下拉按钮，选中一款视频封面样式，如图 11-57 所示。

图 11-56

图 11-57

11.5 实例演练

通过前面内容的学习，读者应该已经掌握在演示中制作幻灯片的方法，本节以制作"儿童教学课件"演示文稿为例，对本章所学知识点进行综合运用。

【例 11-11】 制作"儿童教学课件"演示文稿。 视频

(1) 启动 WPS Office，在【新建】|【新建演示】窗口中输入"卡通儿童教学"，然后搜索模板，选择一款模板，单击【立即使用】按钮，如图 11-58 所示。

图 11-58

(2) 将演示以"儿童教学课件"为名保存，并保留前 3 张幻灯片，其余都删除，效果如图 11-59 所示。

图 11-59

(3) 选中第 1 张幻灯片，在两个文本框内输入其他文本代替，格式可以保持默认，如图 11-60 所示。

(4) 在【插入】选项卡中单击【图片】按钮，在弹出的下拉列表中选择【本地图片】命令，如图 11-61 所示。

图 11-60　　　　　　　　　　　　　　图 11-61

(5) 打开【插入图片】对话框，选择 1 张图片，单击【打开】按钮，如图 11-62 所示。

(6) 用鼠标调整插入图片的控制点，调整图片的大小和位置，如图 11-63 所示。

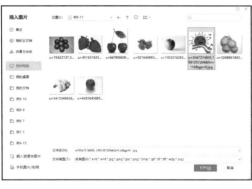

图 11-62　　　　　　　　　　　　　　图 11-63

(7) 选中第 2 张幻灯片，删除原有文本内容，打开【插入图片】对话框，选择 3 张图片并插入，如图 11-64 所示。

(8) 调整图片的大小和位置后，选中这 3 张图片，在【图片工具】选项卡中单击【对齐】按钮，在弹出的下拉菜单中选择【横向分布】命令，如图 11-65 所示。

第 11 章　创建演示与制作幻灯片

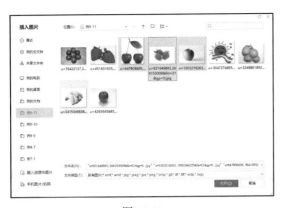

图 11-64

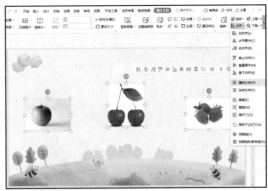

图 11-65

(9) 在【插入】选项卡中单击【形状】下拉按钮，选择加号形状，如图 11-66 所示。

(10) 在合适位置绘制加号形状并调整大小，如图 11-67 所示。

图 11-66　　　　　　　　　　　　　图 11-67

(11) 继续添加等号形状，然后插入艺术字，调整至合适的大小和位置，如图 11-68 所示。

图 11-68

(12) 使用上面的方法，在第 3 张幻灯片上插入图片、形状、艺术字，如图 11-69 所示。

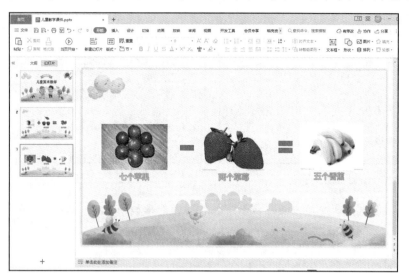

图 11-69

11.6 习题

1. 简述根据模板新建演示的方法。
2. 如何快速套用版式？
3. 如何设计幻灯片母版？
4. 简述插入艺术字的方法。
5. 简述插入音频和视频的方法。

第 12 章

幻灯片动画设计

在 WPS Office 中,为使幻灯片内容更具吸引力和显示效果更加丰富,常常需要在演示中添加各种动画效果。此外,通过超链接等方法也可以提高幻灯片的交互性。通过本章的学习,读者可以掌握幻灯片动画设计的操作技巧。

本章重点

- 设计幻灯片切换动画
- 添加对象动画效果
- 动画效果高级设置
- 制作交互式幻灯片

二维码教学视频

【例 12-1】 添加切换动画
【例 12-2】 设置切换效果
【例 12-3】 添加进入动画效果
【例 12-4】 添加强调动画效果
【例 12-5】 添加退出动画效果
【例 12-6】 添加动作路径动画效果

本章其他视频参见教学视频二维码

12.1 设计幻灯片切换动画

添加切换动画不仅可以轻松实现画面之间的自然切换,还可以使演示文稿真正动起来。用户可以为一组幻灯片设置同一种切换方式,也可以为每张幻灯片设置不同的切换方式。

12.1.1 添加幻灯片切换动画

若普通的两张幻灯片之间没有设置切换动画,在制作演示文稿的过程中,用户可根据需要添加切换动画,这样可以提升演示文稿的吸引力。

【例 12-1】 在"公司宣传 PPT"演示中添加切换动画。 视频

(1) 启动 WPS Office,打开"公司宣传 PPT"演示,选择第 1 张幻灯片,选择【切换】选项卡,单击【切换效果】下拉按钮,在弹出的列表中选择【淡出】选项,如图 12-1 所示。

(2) 单击【切换】选项卡中的【预览效果】按钮,则会播放该幻灯片的切换效果,如图 12-2 所示。

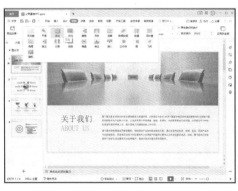

图 12-1　　　　　　　　　　　　图 12-2

(3) 选中第 2 张幻灯片,选择【形状】切换效果,如图 12-3 所示。
(4) 选中第 3 张幻灯片,选择【立方体】切换效果,如图 12-4 所示。

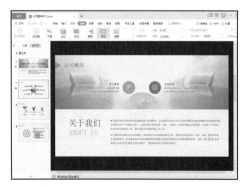
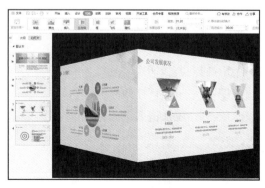

图 12-3　　　　　　　　　　　　图 12-4

(5) 选中第 4 张幻灯片，选择【新闻快报】切换效果，如图 12-5 所示。

图 12-5

12.1.2 设置切换动画效果选项

添加切换动画后，还可以对切换动画进行设置，如设置切换动画时出现的声音效果、持续时间和换片方式等，从而使幻灯片的切换效果更为逼真。

【例 12-2】设置切换动画效果选项。视频

(1) 继续使用【例 12-1】制作的"公司宣传 PPT"演示，选中第 2 张幻灯片，选择【切换】选项卡，单击【声音】下拉按钮，从弹出的下拉菜单中选择【风铃】选项，如图 12-6 所示。

(2) 在【切换】选项卡中将【速度】设置为"01.50"，并勾选【单击鼠标时换片】复选框，如图 12-7 所示。

图 12-6

图 12-7

(3) 在【切换】选项卡中单击【效果选项】下拉按钮，从弹出的下拉菜单中选择【菱形】选项，如图 12-8 所示。

(4) 单击【切换】选项卡中的【预览效果】按钮，该幻灯片的切换效果发生改变，如图 12-9 所示。

 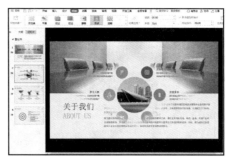

图 12-8　　　　　　　　　　　　图 12-9

12.2 添加对象动画效果

对象动画是指为幻灯片内部某个对象设置的动画效果。用户可以对幻灯片中的文字、图形、表格等对象添加不同的动画效果，如进入动画、强调动画、退出动画和动作路径动画等。

12.2.1 添加进入动画效果

进入动画用于设置文本或其他对象以多种动画效果进入放映屏幕。在添加该动画效果之前，需要选中对象。

【例 12-3】添加进入动画效果。 视频

(1) 继续使用【例 12-2】制作的"公司宣传 PPT"演示，选中第 1 张幻灯片中的图片，在【动画】选项卡中单击【动画效果】下拉按钮，选择【进入】动画效果的【切入】选项(需要单击【进入】动画的【更多选项】按钮展开选项列表)，为图片对象设置一个【切入】效果的进入动画，如图 12-10 所示。

(2) 选中幻灯片中左下方的"关于我们"文本框，选择【进入】动画效果的【挥鞭式】选项，如图 12-11 所示。

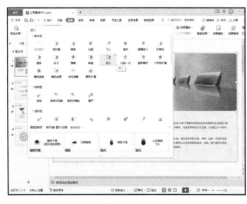 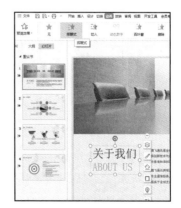

图 12-10　　　　　　　　　　　　图 12-11

第 12 章　幻灯片动画设计

(3) 选中幻灯片右下角的文本框，选择【进入】动画效果的【浮动】选项，如图 12-12 所示。

(4) 在【动画】选项卡中单击【动画窗格】按钮，打开【动画窗格】，选中编号为 2 的动画，单击【开始】后的下拉按钮，选择【在上一动画之后】选项，如图 12-13 所示。

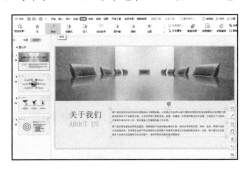 

图 12-12　　　　　　　　　　　　图 12-13

(5) 此时原来的编号 2 动画归纳于编号 1 动画中，右击现在的编号 2 动画，在弹出的菜单中选择【计时】命令，如图 12-14 所示。

(6) 打开【浮动】对话框，在【延迟】文本框中输入 0.5，单击【确定】按钮，如图 12-15 所示。

图 12-14　　　　　　　　　　　　图 12-15

12.2.2　添加强调动画效果

强调动画是为了突出幻灯片中的某部分内容而设置的特殊动画效果。添加强调动画效果的过程和添加进入动画效果大体相同。

【例 12-4】添加强调动画效果。

(1) 继续使用【例 12-3】制作的"公司宣传 PPT"演示，选中第 2 张幻灯片，选中中间的圆形，在【动画】选项卡中单击【动画效果】下拉按钮，选择【强调】动画效果的【陀螺旋】选项，为图片对象设置强调动画，如图 12-16 所示。

(2) 按住 Ctrl 键选中幻灯片中的 6 个图标，在【动画】选项卡中单击【动画效果】下拉按钮，选择【强调】动画效果的【跷跷板】选项，如图 12-17 所示。

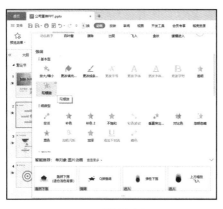
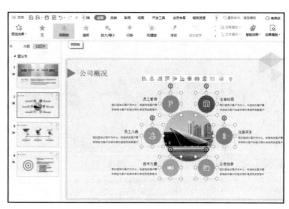

图 12-16　　　　　　　　　　　　　　图 12-17

(3) 打开【动画窗格】，选择编号为 1 的动画，然后设置【速度】为【慢速(3 秒)】，如图 12-18 所示。

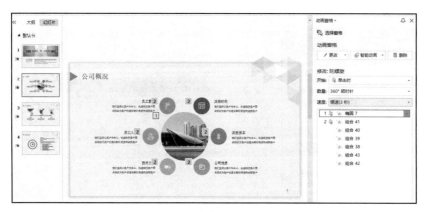

图 12-18

12.2.3　添加退出动画效果

退出动画用于设置幻灯片中的对象退出屏幕的效果。添加退出动画的过程和添加进入动画、强调动画的过程基本相同。

【例 12-5】 添加退出动画效果。 视频

(1) 继续使用【例 12-4】制作的"公司宣传 PPT"演示，选中第 4 张幻灯片，选中右侧 2 个文本框，在【动画】选项卡中单击【动画效果】下拉按钮，选择【退出】动画效果的【擦除】选项，为图片对象设置退出动画，如图 12-19 所示。

(2) 在【动画】选项卡中单击【动画属性】按钮，在弹出的列表中选择【自右侧】选项，如图 12-20 所示。

第 12 章　幻灯片动画设计

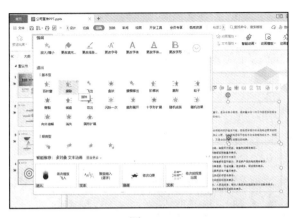

图 12-19　　　　　　　　　　　　　　　图 12-20

12.2.4　添加动作路径动画效果

"动作路径动画"是让对象按照绘制的路径运动的一种高级动画效果。WPS Office 中的动作路径不仅提供了大量预设路径效果，还可以由用户自定义路径动画。

【例 12-6】添加动作路径动画效果。 视频

(1) 继续使用【例 12-5】制作的"公司宣传 PPT"演示，选中第 4 张幻灯片左上角的飞镖图形，在【动画】选项卡中单击【动画效果】下拉按钮，选择【动作路径】动画效果的【直线】选项，如图 12-21 所示。

(2) 按住鼠标左键拖动路径动画的直线目标为标靶图形中间，如图 12-22 所示。

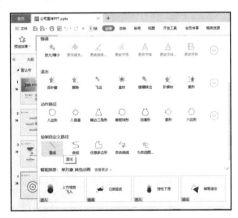

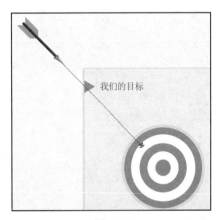

图 12-21　　　　　　　　　　　　　　　图 12-22

261

(3) 单击【动画】选项卡中的【预览效果】按钮,预览该幻灯片的动画效果,如图 12-23 所示。

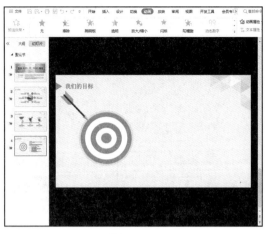

图 12-23

12.2.5 添加组合动画效果

除了可以为对象添加单独的动画效果,还可以为对象添加多个动画效果,且这些动画效果可以一起出现,或先后出现。

【例 12-7】 添加组合动画效果。 视频

(1) 继续使用【例 12-6】制作的"公司宣传 PPT"演示,选中第 3 张幻灯片中的 3 个文本框,在【动画】选项卡中单击【动画效果】下拉按钮,选择【进入】动画效果的【飞入】选项,如图 12-24 所示。

(2) 打开【动画窗格】,选择 3 个动画,将【方向】设置为【自底部】,将【速度】设置为【快速(1 秒)】,如图 12-25 所示。

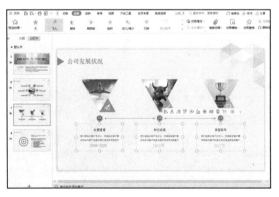

图 12-24

图 12-25

(3) 单击右侧的下拉按钮,在弹出的列表中选择【效果选项】选项,如图 12-26 所示。

(4) 打开【飞入】对话框,在【效果】选项卡中将【声音】设置为【打字机】,然后单击【确定】按钮,如图 12-27 所示。

图 12-26

图 12-27

(5) 继续设置动画效果,单击【添加效果】下拉按钮,在弹出的列表框中选择【强调】动画效果下的【忽明忽暗】选项,如图 12-28 所示。

(6) 打开【忽明忽暗】对话框,在【效果】选项卡中将【动画播放后】设置为蓝色,然后单击【确定】按钮,如图 12-29 所示。

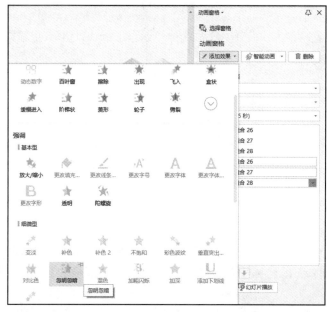
图 12-28

图 12-29

(7) 单击【预览效果】按钮，预览添加的【飞入】和【忽明忽暗】组合效果，如图 12-30 所示。

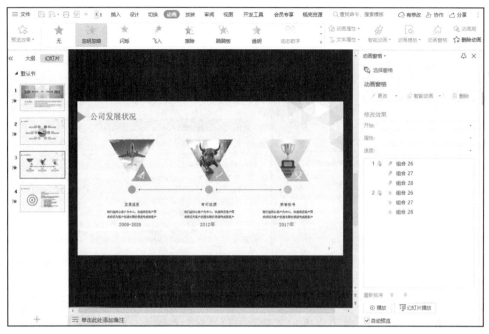

图 12-30

12.3 动画效果高级设置

WPS Office 具备动画效果高级设置功能，如设置动画触发器、设置动画计时选项、重新排序动画等。使用这些功能，可以使整个演示文稿更为美观。

12.3.1 设置动画触发器

触发器可以是图片、图形或按钮，还可以是一个段落或文本框，单击触发器会触发某个操作。

【例 12-8】 设置动画触发器。 视频

(1) 继续使用【例 12-7】制作的"公司宣传 PPT"演示，选择第 1 张幻灯片，打开【动画窗格】，单击编号 2 动画右侧的下拉按钮，在弹出的菜单中选择【计时】选项，如图 12-31 所示。

(2) 打开【浮动】对话框，在【计时】选项卡中单击【触发器】按钮，选中【单击下列对象时启动效果】单选按钮，在后面的下拉列表中选择【图片 6】选项，单击【确定】按钮，如图 12-32 所示。

图 12-31

图 12-32

(3) 在幻灯片缩略图窗口的第 1 张幻灯片中单击【播放】按钮,放映该张幻灯片,如图 12-33 所示。

(4) 放映过程中,当单击上面的图片时,右下角的文本框会以【浮动】动画效果显示出来,如图 12-34 所示。

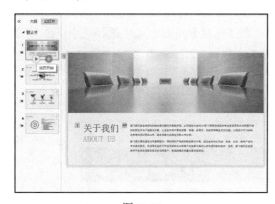
图 12-33

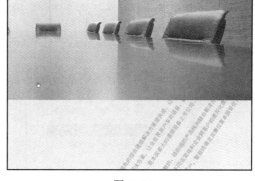
图 12-34

12.3.2 设置动画计时选项

默认设置的动画效果在幻灯片放映屏幕中持续播放的时间只有几秒钟,需要单击鼠标才会开始播放下一个动画。如果默认的动画效果不能满足用户实际需求,可以通过动画设置对话框的【计时】选项卡进行动画计时选项的设置。

【例 12-9】 设置动画计时选项。 视频

(1) 继续使用【例 12-8】制作的"公司宣传 PPT"演示,选择第 2 张幻灯片,打开【动画窗格】,单击【编号 2】|【组合 41】动画右侧的下拉按钮,在弹出的菜单中选择【在上一动画之后】选项,如图 12-35 所示。此时,第 2 个动画将在第 1 个动画播放完后自动开始播放,无须单击鼠标。

(2) 选择第一个动画,单击右侧的下拉按钮,在弹出的菜单中选择【计时】选项,如图 12-36 所示。

图 12-35

图 12-36

(3) 打开【陀螺旋】对话框的【计时】选项卡,在【速度】下拉列表中选择【中速(2 秒)】选项,在【重复】下拉列表中选择【直到幻灯片末尾】选项,然后单击【确定】按钮,如图 12-37 所示。

(4) 此时将自动播放该计时动画,如图 12-38 所示。

图 12-37

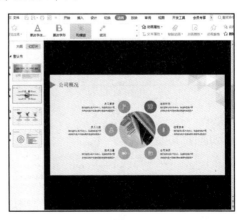
图 12-38

12.3.3 重新排序动画

在给幻灯片中的多个对象添加动画效果时，添加效果的顺序就是幻灯片放映时的播放次序。当幻灯片中的对象较多时，难免会在添加效果时使动画播放次序产生错误，这时可以在动画效果添加完成后，再对其播放次序进行重新调整。

【动画窗格】中的动画效果列表是按照设置的先后顺序从上到下排列的，放映也是按照此顺序进行的，用户若不满意动画播放顺序，可通过调整动画效果列表中各动画选项的位置来更改动画播放顺序，方法介绍如下。

- ▽ 通过拖动鼠标调整：在动画效果列表中选择要调整的动画选项，按住鼠标左键不放进行拖动，此时有一条黑色的横线随之移动，当横线移动到需要的目标位置时释放鼠标即可，如图 12-39 所示。
- ▽ 通过单击按钮调整：在动画效果列表中选择需要调整播放次序的动画效果，然后单击窗格底部的上移按钮或下移按钮来调整该动画的播放次序。其中，单击上移按钮，表示将该动画的播放次序向前移一位；单击下移按钮，表示将该动画的播放次序向后移一位，如图 12-40 所示。

图 12-39

图 12-40

12.4 制作交互式幻灯片

用户可以为幻灯片中的文本、图像等对象添加超链接或者动作按钮。当放映幻灯片时，可以在添加了超链接的文本或动作按钮上单击，程序将自动跳转到指定的页面，或者执行指定的程序。演示文稿不再是从头到尾播放的线性模式，而是具有了一定的交互性，能够按照预先设定的方式进行演示。

12.4.1 添加动作按钮

WPS 演示为用户提供了一系列动作按钮，如"前进""后退""开始"和"结束"等，可以在放映演示文稿时快速切换幻灯片，控制幻灯片的上下翻页，以及视频、音频等元素的播放。

【例 12-10】 添加动作按钮。 视频

(1) 继续使用【例 12-9】制作的"公司宣传 PPT"演示，选择第 1 张幻灯片，选择【插入】选项卡，单击【形状】按钮，在弹出的类别中选择一种动作按钮，本例选择【动作按钮：结束】按钮，如图 12-41 所示。

(2) 在幻灯片中合适的位置按住鼠标左键绘制动作按钮，释放鼠标后打开【动作设置】对话框，保持默认设置，单击【确定】按钮，如图 12-42 所示。

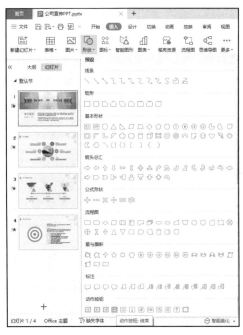

图 12-41

图 12-42

(3) 选择【绘图工具】选项卡，单击形状样式下拉按钮，在展开的列表中选择一种形状样式，如图 12-43 所示。

(4) 右击图形按钮，在弹出的快捷菜单中选择【更改形状】命令，在打开的列表中选择【动作按钮：自定义】选项，如图 12-44 所示。

(5) 打开【动作设置】对话框，保持默认设置，单击【确定】按钮，此时按钮中间显示空白，如图 12-45 所示。

(6) 右击自定义的动作按钮，在弹出的快捷菜单中选择【编辑文字】命令，如图 12-46 所示。

图 12-43

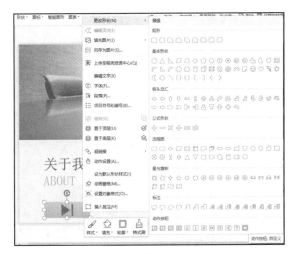

图 12-44

图 12-45

图 12-46

(7) 在按钮上输入文本"结束放映",如图 12-47 所示。

(8) 放映该幻灯片,单击文字按钮,则跳转到最后 1 页幻灯片,如图 12-48 所示。

图 12-47

图 12-48

12.4.2 添加超链接

超链接是指向特定位置或文件的一种链接方式,可以利用它指定程序跳转的位置。超链接只有在幻灯片放映时才有效。超链接可以跳转到当前演示文稿中的特定幻灯片、其他演示文稿中特定的幻灯片、电子邮件地址、文件或 Web 页上。

只有幻灯片中的对象才能添加超链接,备注、讲义等内容不能添加超链接。幻灯片中可以显示的对象几乎都可以作为超链接的载体。添加或修改超链接的操作,一般在普通视图中的幻灯片编辑窗口中进行。

【例 12-11】 添加超链接。

(1) 继续使用【例 12-10】制作的"公司宣传 PPT"演示,选择第 1 张幻灯片,选择【插入】选项卡,单击【文本框】按钮,绘制两个文本框并输入文本,如图 12-49 所示。

(2) 右击第一个文本框【公司概况】,从弹出的快捷菜单中选择【超链接】命令,如图 12-50 所示。

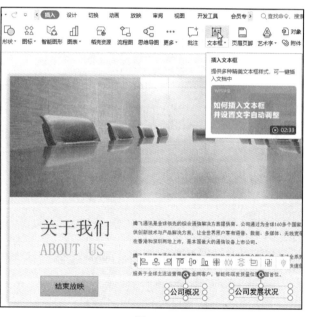

图 12-49　　　　　　　　　　　　图 12-50

(3) 打开【插入超链接】对话框,在【链接到】列表框中单击【本文档中的位置】按钮,在【请选择文档中的位置】列表框中选择需要链接到的第 2 张幻灯片,单击【确定】按钮,如图 12-51 所示。

(4) 按照同样的方法,设置第 2 个文本框链接到第 3 张幻灯片,单击【确定】按钮,如图 12-52 所示。

第 12 章 幻灯片动画设计

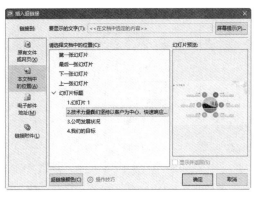
图 12-51

图 12-52

(5) 在放映幻灯片时，将鼠标放到设置了超链接的文本框上，鼠标会变成手指形状，单击这个文本框就会切换到相应的幻灯片页面，如单击【公司概况】超链接，则会跳转至第 2 张幻灯片，如图 12-53 和图 12-54 所示。

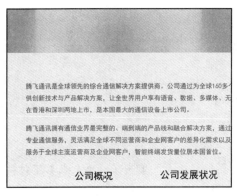
图 12-53

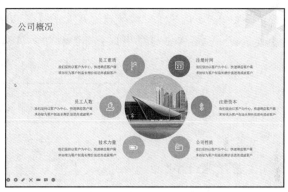
图 12-54

12.5 实例演练

通过前面内容的学习，读者应该已经掌握在演示中进行幻灯片动画设计的操作内容，下面通过设计动画效果等几个实例演练，巩固本章所学内容。

12.5.1 设计动画效果

下面以"儿童教学课件"演示为例，介绍在演示中添加动画效果的方法。

【例 12-12】在"儿童教学课件"演示中设计动画效果。 视频

(1) 打开"儿童教学课件"演示，选中第 1 张幻灯片，打开【切换】选项卡，单击【切换效果】下拉按钮，在弹出的列表中选择【形状】选项，如图 12-55 所示。

(2) 单击【效果选项】下拉按钮，选择【菱形】选项，如图 12-56 所示。

271

图 12-55　　　　　　　　　图 12-56

(3) 在【切换】选项卡中设置【速度】为【01.00】,【声音】为【风声】,勾选【单击鼠标时换片】复选框,然后单击【应用到全部】按钮,将切换效果应用到所有幻灯片上,如图 12-57 所示。

图 12-57

(4) 在第 1 张幻灯片中选中标题文本框,选择【动画】选项卡,单击【动画效果】下拉按钮,选择【进入】动画效果的【上升】选项,为该对象应用动画效果,如图 12-58 所示。

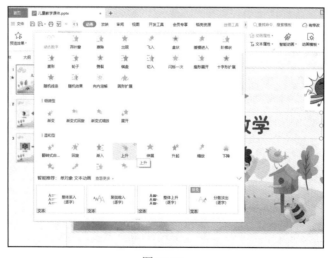

图 12-58

(5) 选中太阳图形,选择【动画】选项卡,单击【动画效果】下拉按钮,选择【进入】动画效果的【缩放】选项,为该对象应用动画效果,如图 12-59 所示。

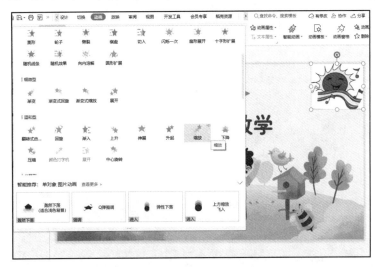

图 12-59

(6) 选择第 2 张幻灯片,选中上排的几个图形,然后在【动画】选项卡中选择【进入】|【渐变式缩放】选项,为多个对象应用动画效果,如图 12-60 所示。

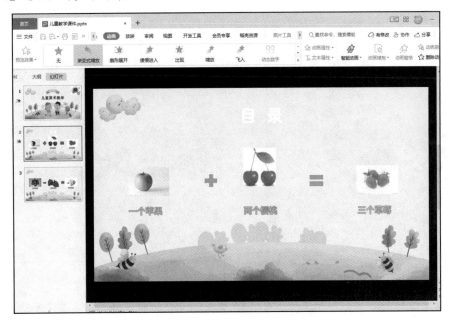

图 12-60

(7) 选中下排的几个艺术字,在【动画】选项卡中选择【强调】|【放大/缩小】选项,为多个对象应用动画效果,如图 12-61 所示。

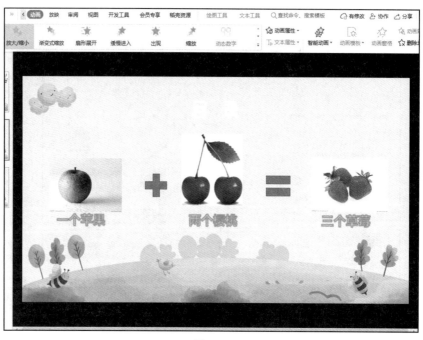

图 12-61

(8) 选择第 3 张幻灯片，使用相同的方法，分别设置图片和艺术字的动画效果，如图 12-62 和图 12-63 所示。

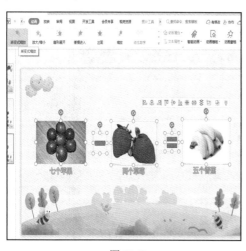

图 12-62　　　　　　　　　　　　图 12-63

(9) 选择第 2 张幻灯片，打开【动画窗格】，选择编号 2 的所有动画，设置【开始】为【在上一动画之后】选项，如图 12-64 所示。

(10) 此时原编号 2 动画归纳于编号 1 动画中，且顺序在其之后，如图 12-65 所示。

图 12-64

图 12-65

(11) 选择第 3 张幻灯片，使用相同的方法，排序动画，如图 12-66 所示。

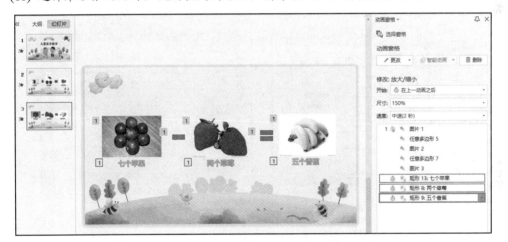
图 12-66

(12) 在键盘上按 F5 键放映幻灯片，即可预览切换效果和对象的动画效果，如图 12-67 所示。放映完毕后，单击鼠标左键退出放映模式。

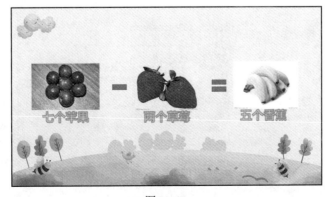
图 12-67

12.5.2 编辑超链接

为了在放映幻灯片时实现幻灯片的交互,可以通过 WPS 演示提供的超链接、动作按钮和触发器等功能来进行设置。

【例 12-13】 在演示中添加并编辑超链接。

(1) 打开"链接到指定幻灯片"素材文件,选中第 7 张幻灯片,右击图片,在弹出的快捷菜单中选择【超链接】命令,如图 12-68 所示。

(2) 打开【插入超链接】对话框,在【链接到】列表中选择【本文档中的位置】选项,在【请选择文档中的位置】列表框中选择【10.幻灯片 10】选项,单击【确定】按钮,如图 12-69 所示。

 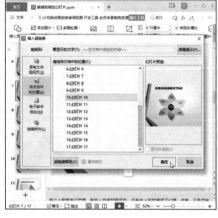

图 12-68　　　　　　　　　　　　图 12-69

(3) 此时便为图片添加了超链接,选择【放映】选项卡,单击【当页开始】按钮,如图 12-70 所示。

图 12-70

(4) 此时幻灯片进入放映状态,并从当前幻灯片开始放映,单击设置超链接的图片,如图 12-71 所示。

(5) 此时立刻切换到第 10 张幻灯片,如图 12-72 所示。

图 12-71

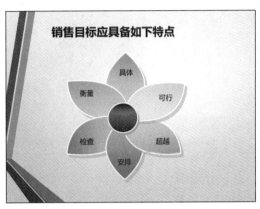

图 12-72

(6) 选中第 9 张幻灯片,选择【插入】选项卡,单击【对象】按钮,如图 12-73 所示。

(7) 打开【插入对象】对话框,选中【由文件创建】单选按钮,再单击【浏览】按钮,如图 12-74 所示。

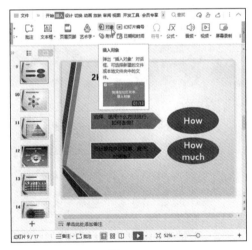

图 12-73

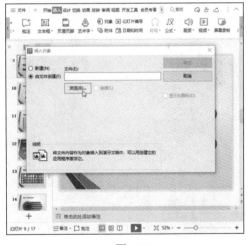

图 12-74

(8) 弹出【浏览】对话框,选择文件所在位置并选中文件,单击【打开】按钮,如图 12-75 所示。

(9) 返回【插入对象】对话框,勾选【显示为图标】复选框,勾选【链接】复选框,单击【确定】按钮,如图 12-76 所示。

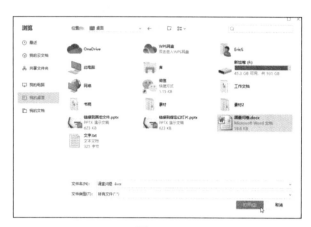

图 12-75

图 12-76

(10) 此时文档已经嵌入幻灯片中，完成链接到其他文件的操作，如图 12-77 所示。

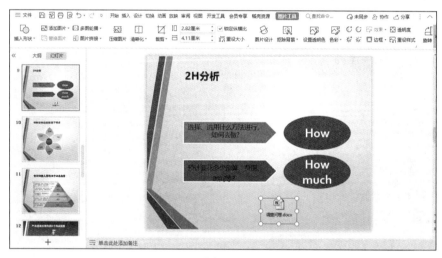

图 12-77

12.6 习题

1. 如何设置切换动画效果选项？
2. 如何添加对象动画效果？
3. 简述动画效果的高级设置方法。
4. 如何制作交互式幻灯片？

第 13 章

放映和输出演示文稿

在 WPS Office 中,可以选择最为理想的放映速度与放映方式,让幻灯片放映过程更加清晰明确。此外,还可以将制作完成的演示文稿进行输出。通过本章的学习,读者可以掌握使用 WPS Office 放映和输出演示文稿的操作技巧。

本章重点

- 应用排练计时
- 幻灯片放映设置
- 放映演示文稿
- 输出演示文稿

二维码教学视频

【例 13-1】 设置排列计时
【例 13-2】 创建自定义放映
【例 13-3】 添加标记
【例 13-4】 打包演示文稿
【例 13-5】 输出为 PDF
【例 13-6】 输出为视频

本章其他视频参见教学视频二维码

13.1 应用排练计时

制作完演示文稿后，用户可以根据需要进行放映前的准备。若演讲者为了专心演讲需要自动放映演示文稿，可以选择排练计时设置，从而使演示文稿自动播放。

13.1.1 设置排练计时

排练计时的作用在于为演示文稿中的每张幻灯片计算好播放时间之后，在正式放映时自行放映，演讲者则可以专心进行演讲而不用再去控制幻灯片的切换等操作。

【例 13-1】在"毕业答辩"演示中设置排练计时。 视频

(1) 启动 WPS Office，打开"毕业答辩"演示，选择【放映】选项卡，单击【排练计时】按钮，如图 13-1 所示。

(2) 演示文稿自动进入放映状态，左上角会显示【预演】工具栏，中间的时间代表当前幻灯片页面放映所需的时间，右边的时间代表放映所有幻灯片累计所需的时间，如图 13-2 所示。

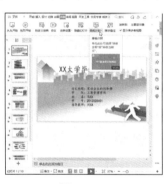
图 13-1

图 13-2

(3) 根据实际需要，设置每张幻灯片的停留时间，放映到最后一张幻灯片时会弹出【WPS 演示】对话框，询问用户是否保留新的幻灯片排练时间，单击【是】按钮，如图 13-3 所示。

(4) 返回至演示文稿，自动进入幻灯片浏览模式，可以看到每张幻灯片放映所需的时间，如图 13-4 所示。

图 13-3

图 13-4

13.1.2 取消排练计时

当幻灯片被设置了排练计时后,实际情况又需要演讲者手动控制幻灯片,那么就需要取消排练计时设置。

取消排练计时的方法为:选择【放映】选项卡,单击【放映设置】按钮,如图 13-5 所示。打开【设置放映方式】对话框,在【换片方式】区域中,选中【手动】单选按钮,然后单击【确定】按钮,即可取消排练计时,如图 13-6 所示。

图 13-5

图 13-6

13.2 幻灯片放映设置

幻灯片放映前,用户可以根据需要设置幻灯片放映的方式和类型,以及自定义放映等,本节将介绍幻灯片放映前的一些基本设置。

13.2.1 设置放映方式

设置幻灯片放映方式主要有定时放映、连续放映、循环放映、自定义放映几种方式。

1. 定时放映

定时放映即设置每张幻灯片在放映时停留的时间,当到设定的时间后,幻灯片将自动向下放映。打开【切换】选项卡,勾选【单击鼠标时换片】复选框,如图 13-7 所示,则用户单击鼠标或者按 Enter 键或空格键时,放映的演示文稿将切换到下一张幻灯片。

图 13-7

2. 连续放映

在【切换】选项卡中勾选【自动换片】复选框，并为当前选定的幻灯片设置自动切换时间，再单击【应用到全部】按钮，为演示文稿中的每张幻灯片设定相同的切换时间，即可实现幻灯片的连续自动放映，如图 13-8 所示。

图 13-8

3. 循环放映

用户将制作好的演示文稿设置为循环放映，可以应用于如展览会场的展台等场合，让演示文稿自动运行并循环播放。

选择【放映】选项卡，单击【放映设置】按钮，如图 13-9 所示。打开【设置放映方式】对话框，在【放映选项】选项区域中勾选【循环放映，按 Esc 键终止】复选框，则在播放完最后一张幻灯片后，会自动跳转到第 1 张幻灯片，而不是结束放映，直到按 Esc 键退出放映状态，如图 13-10 所示。

图 13-9

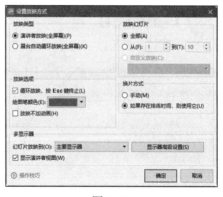

图 13-10

4. 自定义放映

自定义放映是指用户可以自定义演示文稿放映的张数，使一个演示文稿适用于多种观众，即可以将一个演示文稿中的多张幻灯片进行分组，以便对特定的观众放映演示文稿中的特定部分。用户可以用超链接分别指向演示文稿中的各个自定义放映，也可以在放映整个演示文稿时只放映其中的某个自定义放映。

【例 13-2】 创建自定义放映。 视频

(1) 打开"毕业答辩"演示，选择【放映】选项卡，单击【自定义放映】按钮，如图 13-11 所示。

(2) 打开【自定义放映】对话框，单击【新建】按钮，如图 13-12 所示。

图 13-11　　　　　　　　　　　图 13-12

(3) 打开【定义自定义放映】对话框，在【幻灯片放映名称】文本框中输入文字"放映1"，在【在演示文稿中的幻灯片】列表框中选择第 2、3、4 张幻灯片，然后单击【添加】按钮，将三张幻灯片添加到【在自定义放映中的幻灯片】列表框中，单击【确定】按钮，如图 13-13 所示。

(4) 返回至【自定义放映】对话框，在【自定义放映】列表框中显示创建的放映，单击【关闭】按钮，如图 13-14 所示。

图 13-13　　　　　　　　　　　图 13-14

(5) 选择【放映】选项卡，单击【放映设置】按钮，打开【设置放映方式】对话框，在【放映幻灯片】选项区域中选中【自定义放映】单选按钮，然后在其下方的下拉列表中选择需要放映的自定义放映，单击【确定】按钮，如图 13-15 所示。

(6) 此时按 F5 键将自动播放自定义放映的幻灯片，如图 13-16 所示。

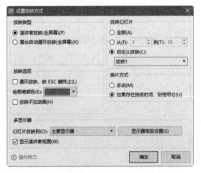 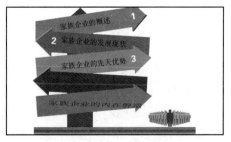

图 13-15　　　　　　　　　　　图 13-16

283

13.2.2 设置放映类型

在【设置放映方式】对话框的【放映类型】选项区域中可以设置幻灯片的放映模式。

▽ 【演讲者放映(全屏幕)】模式：选择【放映】选项卡，单击【放映设置】按钮，打开【设置放映方式】对话框，在【放映类型】选项区域中选中【演讲者放映(全屏幕)】单选按钮，然后单击【确定】按钮，即可使用该类型模式，如图 13-17 所示。该模式是系统默认的放映类型，也是最常见的全屏放映方式。在这种放映方式下，将以全屏幕的状态放映演示文稿，演讲者现场控制演示节奏，具有放映的完全控制权。演讲者可以根据观众的反应随时调整放映速度或节奏，还可以暂停下来进行讨论或记录观众即席反应。该放映模式一般用于召开会议时的大屏幕放映、联机会议或网络广播等，如图 13-18 所示。

图 13-17

图 13-18

▽ 【展台自动循环放映(全屏幕)】模式：打开【设置放映方式】对话框，在【放映类型】选项区域中选中【展台自动循环放映(全屏幕)】单选按钮，然后单击【确定】按钮，即可使用该类型模式。采用该放映类型，最主要的特点是不需要专人控制就可以自动运行，在使用该放映类型时，如超链接等的控制方法都失效。当播放完最后一张幻灯片后，会自动从第一张重新开始播放，直至用户按 Esc 键才会停止播放。

13.3 放映演示文稿

完成放映幻灯片前的准备工作后，即可开始放映已设计完成的演示文稿。常用的放映方法很多，除自定义放映外，还有从头开始放映、从当前幻灯片开始放映、手机遥控放映等。

13.3.1 【从头开始】和【当页开始】放映

【从头开始】放映是指从演示文稿的第一张幻灯片开始播放演示文稿。选择【放映】选项卡，单击【从头开始】按钮，如图 13-19 所示；也可以直接按 F5 键，开始放映演示文稿，此时进入全屏模式的幻灯片放映视图。

图 13-19

若用户需要从指定的某张幻灯片开始放映，则可以使用【当页开始】功能。选择指定的幻灯片，选择【放映】选项卡，单击【当页开始】按钮，显示从当前幻灯片开始放映的效果。此时会进入幻灯片放映视图，幻灯片以全屏幕方式从当前幻灯片开始放映。

13.3.2 【会议】和【手机遥控】放映

单击【放映】选项卡中的【会议】按钮，如图 13-20 所示，可以打开 WPS Office 自带的【金山会议】程序，单击【新会议】按钮，可以发起视频会议，邀请线上好友一起浏览放映的现有演示文稿，如图 13-21 所示。

图 13-20

图 13-21

单击【放映】选项卡中的【手机遥控】按钮，如图 13-22 所示，可以打开【手机遥控】界面，使用手机版 WPS Office 扫描二维码，即可使用手机遥控电脑上的演示文稿放映过程，如图 13-23 所示。

图 13-22

图 13-23

13.3.3 使用【演示焦点】功能

在放映过程中，为了能提高观众对某些内容的关注，可以使用【演示焦点】中的多种功能进行提示。

1. 激光笔

在幻灯片放映视图中，可以将鼠标指针变为激光笔样式，以将观看者的注意力吸引到幻灯片上的某个重点内容或特别要强调的内容位置。

在放映演示文稿的过程中，右击鼠标，在弹出的快捷菜单中选择【演示焦点】|【激光笔】命令，如图 13-24 所示。此时鼠标指针变成红圈的激光笔样式，移动鼠标指针，将其指向观众需要注意的内容上，如图 13-25 所示。

图 13-24

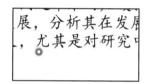
图 13-25

激光笔的默认颜色为红色，可以更改其颜色，在【激光笔】命令下，显示三种颜色的激光笔选项，选择不同选项可以改变激光笔颜色。

2. 放大镜

在幻灯片放映视图中，可以将鼠标指针变为放大镜样式，以将幻灯片内容放大显示以示重点。

在放映演示文稿的过程中，右击鼠标，在弹出的快捷菜单中选择【演示焦点】|【放大镜】命令，如图 13-26 所示。此时鼠标指针变成放大镜样式，移动鼠标指针，将其指向观众需要注意的内容上可放大内容，如图 13-27 所示。在【放大镜】命令下会显示【缩放】和【尺寸】拖曳条，用户可以设置放大镜的缩放程度和尺寸大小。

图 13-26

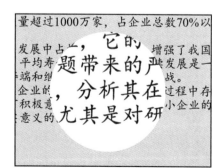
图 13-27

3. 聚光灯

在幻灯片放映视图中,可以将鼠标指针变为聚光灯样式,以通过聚光灯在幻灯片内容上展示重点。

在放映演示文稿的过程中,右击鼠标,在弹出的快捷菜单中选择【演示焦点】|【聚光灯】命令,如图 13-28 所示。此时会出现周围暗色、鼠标亮色的圆形聚光灯样式,用户可以移动鼠标指针,将其指向观众需要注意的内容上,如图 13-29 所示。在【聚光灯】命令下显示【遮罩】和【尺寸】拖曳条,可以设置聚光灯的遮罩程度和尺寸大小。

图 13-28

图 13-29

13.3.4 添加标记

若想在放映幻灯片时为重要位置添加标记,以突出强调重要内容,则可以利用演示提供的各种"笔"来实现。

【例 13-3】 给幻灯片添加标记。 视频

(1) 打开"毕业答辩"演示,在放映幻灯片的过程中,右击鼠标,然后在弹出的快捷菜单中选择【墨迹画笔】|【圆珠笔】命令,如图 13-30 所示。

(2) 当鼠标指针变为圆珠笔状态时,按住鼠标左键不放并拖动鼠标,即可为幻灯片中的重点内容添加线条标记,如图 13-31 所示。

(3) 要改变圆珠笔的形状,可以右击放映中的幻灯片,在弹出的快捷菜单中选择【墨迹画笔】|【绘制形状】下的子命令,可选择自由曲线、直线、波浪线、矩形样式,如图 13-32 所示。

(4) 要改变圆珠笔的颜色,可以右击放映中的幻灯片,在弹出的快捷菜单中选择【墨迹画笔】|【墨迹颜色】下的色块,如图 13-33 所示。

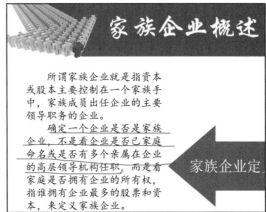

图 13-30　　　　　　　　　　　图 13-31

图 13-32　　　　　　　　　　　图 13-33

(5) 荧光笔的使用方法与圆珠笔相似，也是在放映的幻灯片上右击鼠标，在弹出的快捷菜单中选择【墨迹画笔】|【荧光笔】命令，如图 13-34 所示。

(6) 当鼠标指针变为黄色方块时，按住鼠标左键不放并拖动鼠标，即可在需要标记的内容上进行标记，如图 13-35 所示。

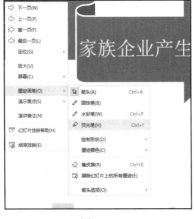

图 13-34　　　　　　　　　　　图 13-35

(7) 标记完成后按 Esc 键退出，此时会弹出一个对话框，询问用户是否保留墨迹注释，单击【保留】按钮，如图 13-36 所示。

(8) 返回到幻灯片普通视图，即可看到已经保留的注释，如图 13-37 所示。

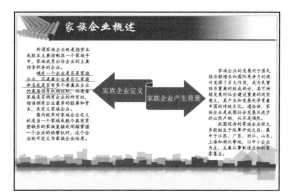

图 13-36　　　　　　　　　　　　　　图 13-37

13.3.5 跳转幻灯片

在放映过程中，右击鼠标，在弹出的快捷菜单中选择【下一页】【上一页】【第一页】【最后一页】等命令可快速跳转幻灯片，如图 13-38 所示。

选择【定位】|【按标题】命令，在子菜单中选择幻灯片标题，如选择 5，即可跳转到第 5 张幻灯片，如图 13-39 所示。

图 13-38　　　　　　　　　　　　　图 13-39

13.4　输出演示文稿

制作好演示文稿后，可将其制作成视频文件，以便在别的计算机中播放；也可以将演示文稿另存为 PDF 文件、模板文件、文档或图片等格式。输出演示文稿的相关操作主要包括打包、发布和打印。

13.4.1 打包演示文稿

将演示文稿打包后,复制到其他计算机中,即使该计算机中没有安装 WPS Office 软件,也可以播放该演示文稿。

【例 13-4】 打包演示文稿。

(1) 打开"毕业答辩"演示,单击【文件】下拉按钮,在弹出的菜单中选择【文件打包】|【将演示文档打包成文件夹】命令,如图 13-40 所示。

(2) 打开【演示文件打包】对话框,在【文件夹名称】文本框中输入名称,在【位置】文本框中输入保存位置(或单击【浏览】按钮设置保存位置),单击【确定】按钮,如图 13-41 所示。

图 13-40

图 13-41

(3) 完成打包操作,打开【已完成打包】对话框,单击【打开文件夹】按钮,如图 13-42 所示。

(4) 打开文件所在文件夹,可以查看打包结果,如图 13-43 所示。

图 13-42

图 13-43

13.4.2 将演示文稿输出为 PDF 文档

若要在没有安装 WPS Office 软件的计算机中放映演示文稿,也可将其转换为 PDF 文件再进行查看。

【例 13-5】 将演示文稿输出为 PDF 文档。 视频

(1) 打开"毕业答辩"演示,单击【文件】下拉按钮,在弹出的菜单中选择【输出为 PDF】选项,如图 13-44 所示。

(2) 打开【输出为 PDF】对话框,在【输出范围】区域设置输出的页数,在【输出选项】区域选择【PDF】选项,在【保存位置】区域设置文件保存位置,单击【开始输出】按钮,如图 13-45 所示。

图 13-44

图 13-45

(3) 输出成功后,单击【打开文件夹】按钮,如图 13-46 所示。
(4) 打开文件所在文件夹,可以查看输出的 PDF 文档,如图 13-47 所示。

图 13-46

图 13-47

13.4.3 将演示文稿输出为视频

用户还可以将演示文稿输出为视频格式,以供用户通过视频播放器播放该视频文件,实现与其他用户共享该视频。

【例 13-6】 将演示文稿输出为视频。

(1) 打开"毕业答辩"演示,单击【文件】下拉按钮,在弹出的菜单中选择【另存为】|【输出为视频】选项,如图 13-48 所示。

(2) 在弹出的【另存文件】对话框中选择文件保存位置,单击【保存】按钮,如图 13-49 所示。

图 13-48　　　　　　　　　　　　　图 13-49

(3) 此时会打开【正在输出视频格式(WebM 格式)】对话框,如图 13-50 所示,然后等待一段时间。

(4) 提示输出视频完成,单击【打开视频】按钮,如图 13-51 所示。

图 13-50　　　　　　　　　　　　　图 13-51

(5) 演示文稿以视频形式开始播放,效果如图 13-52 所示。

图 13-52

13.4.4 将演示文稿输出为图片

WPS Office 支持将演示文稿中的幻灯片输出为 PNG 等格式的图形文件,这有利于用户在更大范围内交换或共享演示文稿中的内容。

【例 13-7】 将演示文稿输出为 PNG 图片。 视频

(1) 打开"毕业答辩"演示,单击【文件】下拉按钮,在弹出的菜单中选择【输出为图片】命令,如图 13-53 所示。

(2) 打开【输出为图片】对话框,在【输出方式】区域选择【逐页输出】选项,在【输出格式】区域选择【PNG】选项,在【输出目录】文本框中输入保存路径,单击【输出】按钮,如图 13-54 所示。

图 13-53　　　　　　　　　　　　图 13-54

(3) 输出完毕后,打开【输出成功】对话框,单击【打开文件夹】按钮,如图 13-55 所示。

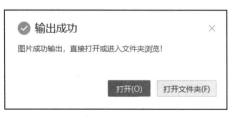

图 13-55

(4) 打开图片所在文件夹,即可查看保存的图片,如图 13-56 所示。

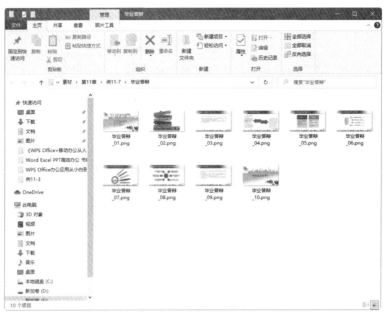

图 13-56

13.4.5 打印演示文稿

制作完成的演示文稿不仅可以进行现场演示，还可以将其通过打印机打印出来，分发给观众作为演讲提示。

1. 设置打印页面

在打印演示文稿前，用户可以根据自己的需要对打印页面进行设置，使打印的形式和效果更符合实际需要。

选择【设计】选项卡，单击【幻灯片大小】下拉按钮，在弹出的下拉列表中选择【自定义大小】命令，如图 13-57 所示。在打开的【页面设置】对话框中对幻灯片的大小、编号和方向等选项进行设置，设置完毕后单击【确定】按钮，如图 13-58 所示。

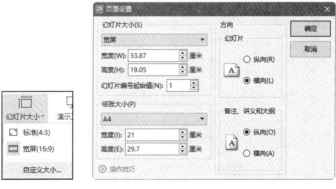

图 13-57   图 13-58

2. 打印预览

用户在【页面设置】对话框中设置好打印的参数后，在实际打印之前，可以使用打印预览功能先预览一下打印的效果。对当前的打印设置及预览效果满意后，可以连接打印机开始打印演示文稿。

单击【文件】下拉按钮，在弹出的菜单中选择【打印】|【打印预览】命令，如图 13-59 所示。此时会打开【打印预览】界面，用户可以对打印选项进行设置，如份数、颜色、单面打印或双面打印等选项，如图 13-60 所示。设置完毕后，单击【直接打印】按钮，即可开始打印演示文稿。

图 13-59　　　　　　　　　　　　　图 13-60

13.5　实例演练

通过前面内容的学习，读者应该已经掌握放映和输出演示文稿的操作方法，下面通过将演示输出为 JPG 格式等几个实例演练，巩固本章所学内容。

13.5.1　将演示输出为 JPG 格式

下面以"毕业答辩"演示为例，介绍将演示文稿输出为 JPG 格式的方法。

【例 13-8】　将演示文稿输出为 JPG 格式。　视频

(1) 打开"毕业答辩"演示，单击【文件】下拉按钮，在弹出的菜单中选择【输出为图片】命令，如图 13-61 所示。

(2) 打开【输出为图片】对话框，在【输出方式】区域选择【合成长图】选项，单击【输出】按钮，如图 13-62 所示。

 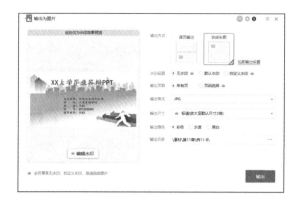

图 13-61　　　　　　　　　　图 13-62

(3) 输出完毕后会弹出【输出成功】对话框，单击【打开】按钮，如图 13-63 所示。

(4) 打开 JPG 长图片，即可查看保存的图片，如图 13-64 所示。

图 13-63　　　　　　　　　　图 13-64

13.5.2　打包并放映演示

下面介绍打包与放映演示文稿的方法。

【例 13-9】 打包并放映演示。 视频

(1) 打开"垃圾分类知识宣传"演示，单击【文件】下拉按钮，在弹出的菜单中选择【文件打包】|【将演示文档打包成压缩文件】命令，如图 13-65 所示。

(2) 打开【演示文件打包】对话框，在【压缩文件名】文本框中输入名称，在【位置】文本框中输入保存位置，单击【确定】按钮，如图 13-66 所示。

图 13-65　　　　　　　　　　　　　图 13-66

(3) 打包完成后打开【已完成打包】对话框，单击【打开压缩文件】按钮，如图 13-67 所示。

(4) 此时会自动打开压缩文件，双击压缩包中的文件即可自动播放，如图 13-68 所示。

图 13-67　　　　　　　　　　　　　图 13-68

(5) 返回到幻灯片中，对幻灯片进行排练计时，如图 13-69 所示。

图 13-69

(6) 放映结束后会显示每张幻灯片的排练计时结果，然后在【放映】选项卡中单击【放映设置】按钮，如图 13-70 所示。

(7) 打开【设置放映方式】对话框，在其中设置放映方式，如图 13-71 所示。

图 13-70

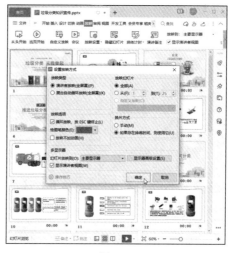
图 13-71

(8) 为第 2 张幻灯片添加由水彩笔画出的墨迹注释，如图 13-72 所示。

图 13-72

13.6 习题

1. 简述应用排练计时的方法。
2. 如何设置放映类型？
3. 简述输出演示文稿的几种方法。

第14章

计算机应用新技术

　　新一代信息技术是以人工智能、移动通信、物联网、区块链等为代表的新兴技术。它既是信息技术的纵向升级，也是信息技术之间及其与相关产业的横向融合。本章将简要介绍云计算、大数据、物联网、人工智能、虚拟现实和区块链等相关内容。

本章重点

- 云计算
- 大数据
- 虚拟现实
- 物联网
- 人工智能
- 区块链

14.1 云计算

云计算是一种通过 Internet 以服务的方式提供动态可伸缩的虚拟化资源的计算模式。用户通过了解云计算的基本概念和分类，可进一步认识到云计算在信息技术中的应用。

14.1.1 云计算的概念

云计算(cloud computing)是一种将一些抽象的、虚拟化的、可动态扩展和管理的计算能力、存储平台和服务等汇聚成资源池，再通过互联网按需交付给终端用户的计算模式。这是网格计算、分布式计算、并行计算、网络存储、虚拟化、负载均衡等传统计算机技术和网络技术发展融合的产物。

云计算是一种按使用量付费的模式，这种模式提供可用的、便捷的、按需的网络访问，进入可配置的计算资源共享池(资源包括网络服务器、存储、应用软件和服务)，这些资源能够被快速提供，只需投入很少的管理工作，或与服务供应商进行很少的交互。

云计算旨在通过网络把多个成本相对较低的计算实体整合成一个具有强大计算能力的完美系统，并借助 SaaS、PaaS、IaaS、MSP 等先进的商业模式把这强大的计算能力分布到终端用户手中。云计算的一个核心理念就是通过不断提高"云"的处理能力，进而减少用户终端处理负担，最终使用户终端简化成一个单纯的输入输出设备，并能按需享受"云"的强大计算能力。

14.1.2 云计算的服务和部署模式

云计算是一种新的计算，也是一种新的服务模式，为各个领域提供技术支持和个性化服务。

1. 云计算的服务方式

云计算服务提供方式包含基础设施即服务(Infrastructure as a Service，IaaS)、平台即服务(Platform as a Service，PaaS)和软件即服务(Software as a Service，SaaS)3 种类型。IaaS 提供的是用户直接使用计算资源、存储资源和网络资源的能力；PaaS 提供的是用户开发、测试和运行软件的能力；SaaS 则是将软件以服务的形式通过网络提供给用户。

这 3 类云计算服务中，IaaS 处于整个架构的底层；PaaS 处于中间层，可以利用 IaaS 层提供的各类计算资源、存储资源和网络资源来建立平台，为用户提供开发、测试和运行环境；SaaS 处于最上层，既可以利用 PaaS 层提供的平台进行开发，也可以直接利用 IaaS 层提供的各种资源进行开发。

▽ 基础设施即服务(IaaS): 基础设施即服务是指用户通过 Internet 可以获得 IT 基础设施硬件资源，并可以根据用户资源使用量和使用时间进行计费的一种能力和服务。提供给消费者的服务是对所有计算基础设施的利用，包括 CPU、内存、存储、网络等计算资源，用户能够部署和运行任意软件，包括操作系统和应用程序。为了优化资源硬件的分配问题，IaaS 层广泛采用了虚拟化技术，代表产品有 OpenStack、IBM Blue Cloud、Amazon EC2 等。

▽ 平台即服务(PaaS)：平台即服务是通过服务器平台把开发、测试、运行环境提供给客户的一种云计算服务，它是介于 IaaS 和 SaaS 之间的一种服务模式。在该服务模式中，用户购买的是计算能力、存储、数据库和消息传送等，底层环境大部分 PaaS 平台已经搭建完毕，用户可以直接创建、测试和部署应用及服务，并通过该平台传递给其他用户使用。PaaS 的主要用户是开发人员，与传统的基于企业数据中心平台的软件开发相比，用户可以大大减少开发成本。比较知名的 PaaS 平台有阿里云开发平台、华为 DevCloud 等。

▽ 软件即服务(SaaS)：软件即服务是一种通过互联网向用户提供软件的服务模式。在这种模式下，用户不需要购买软件，而是通过互联网向特定的供应商租用自己所需要的相关软件服务功能。相对于普通用户来说，软件即服务可以让应用程序访问泛化，把桌面应用程序转移到网络上去，随时随地使用软件。生活中，几乎人们每一天都在接触 SaaS 云服务，如平常使用的微信小程序、新浪微博以及在线视频服务等。

2. 云计算的部署模式

不同的用户在使用云服务时，需求也各不相同。有的人可能只需要一台服务器，而有的企业涉及数据安全，则对于隐私保密比较看重，因此面对不同的场景，云计算服务需要提供不同的部署模式。云计算服务的部署模式有公有云、私有云和混合云三大类。

▽ 公有云：公有云是第三方提供商为用户提供的能够使用的云，其核心属性是共享资源服务。在此种模式下，应用程序、资源、存储和其他服务都由云服务供应商提供给用户，这些服务有的是免费的，有的按需求和使用量来付费，这种模式只能通过互联网来访问和使用。用户使用 IT 资源的时候，感觉资源是其独享的，并不知道还有哪些用户在共享该资源。云服务提供商负责所提供资源的安全性、可靠性和私密性。对用户而言，公有云的最大优点是其所应用的程序、服务及相关数据都由公有云服务商提供，用户无须对硬件设施和软件开发进行相应的投资和建设，使用时仅需购买相应服务即可。但是由于数据存储在公共服务器上且具有共享性，其安全性存在一定的风险。同时，公有云的可用性依赖于服务商，不受用户控制，这方面也存在一定的不确定性。公有云的主要构建方式包括独立构建、联合构建、购买商业解决方案和使用开源软件等。

▽ 私有云：私有云是指为特定的组织机构建设的单独使用的云，它所有的服务只提供给特定的对象或组织机构使用，因而可对数据存储、计算资源和服务质量进行有效控制，其核心属性是专有资源服务。私有云的部署比较适合于有众多分支机构的大型企业或政府部门。相对于公有云，私有云部署在企业内部网络，其数据安全性、系统可用性都可以由自己控制，但企业需要有大量的前期投资，私有云的规模比公有云一般要小得多。创建私有云的方式主要有两种，一种是使用 OpenStack 等开源软件将现有的硬件整合成一个云，适用于预算少或者希望提高现有硬件利用率的企业和机构；另一种是购买商业解决方案，适用于预算充裕的企业和机构。

▽ 混合云：混合云是指供自己和客户共同使用的云，它所提供的服务既可以供别人使用，也可以供自己使用。相比较而言，混合云的部署方式对提供者的要求比较高。在混合云部署模式下，公有云和私有云相互独立，但在云的内部又相互结合，可以发挥出公有云和私有云各自优势，混合云可以使用户既享有私有云的私密性，又能有效利用公有云的廉价计算资源，从而达到既省钱又安全的目的。混合云的构建方式有两种，一种是外包企业的数据中心，即企业搭建一个数据中心，但具体维护和管理工作给专业的云服务提供商，或者邀请云服务提供商直接在企业内部搭建专供本企业使用的云计算中心，并在建成后负责以后的维护工作；另一种购买私有云服务，即通过购买云供应商的私有云服务，将公有云纳入企业的防火墙内，并在这些计算资源和其他公有云资源之间进行隔离。

14.1.3 云计算的特点和应用

云计算的主要特点是超大规模、虚拟化、按需服务、高可靠性、低成本、隐私安全难保障等。"云"的好处在于，无须关心存储或计算发生在哪朵"云"上，一旦有需要，可以在任何地点并用任何设备快速地计算和找到所需的资料，不用担心资料丢失。

随着云计算技术的发展，"云"应用已遍及政务、商业、交通、教育、医疗等各个领域，下面是云计算的4个比较典型的应用。

▽ 云存储：以数据存储和管理为核心的云计算系统。我们常见的有百度云盘、中国移动139邮箱等。

▽ 云桌面：又称桌面虚拟化、云计算机，是基于服务器虚拟化和桌面虚拟化技术基础上的软硬件一体的私有云解决方案。比如学校常用的 VDI(virtual desktop infrastructure，虚拟桌面架构)，在校内或者在外面使用计算机都可登录进入该云桌面使用其软件和存储等资源，不用担心文件丢失或者软件打不开等问题。

▽ 云办公：以"办公文档"为中心提供文档编辑、文档存储、协作、沟通、移动办公、OA等云办公服务。

▽ 云安全：以专业的防病毒技术，对海量的安全软件客户端收集上传的全网共享安全知识库的数据进行特征分析和查杀等处理，以及提供全局预警的开放云安全体系。

云计算发展至今，几乎各行各业都在使用云计算，在教育、金融、政务、医疗、通信、零售等领域使用较为广泛。云计算与大数据、物联网和人工智能的关系也十分密切，能为其提供计算能力，使其功能强大。

14.1.4 主流云服务商及其产品

市场上的云计算产品、服务类型多种多样，在选择时不仅要看产品类型是否符合自身需求，还要看云产品服务商的品牌声誉、技术实力以及政府的监管力度。

目前国内外云服务商非常多,早期云服务市场主要被美国垄断,如亚马逊 AWS、微软 Azure 等,近年来国内云服务商发展迅速,已经占据国内外较大市场份额,知名的云服务商有阿里云、腾讯云、华为云、百度云等。

1. 国外主流云服务商及其产品

亚马逊公司是做电商起步的,由于平台的服务器硬件等计算资源出现富余,于是开始对外出租资源,并逐渐成为世界上最大的云计算服务公司之一。目前,亚马逊旗下的 AWS(Amazon Web Services)已在全球 20 多个地理区域内运营着 80 多个可用区,为数百万客户提供 200 多项云服务业务,其主要产品包括亚马逊弹性计算云、简单存储服务、简单数据库等。

2. 国内主流云服务商及其产品

国内主流云服务商及其产品包括以下几种。

- 阿里云:阿里云是阿里巴巴集团旗下云计算品牌,创立于 2009 年,在杭州、北京、美国硅谷等地设有研发中心和运营机构。其主要产品包括弹性计算、数据库、存储、网络、大数据、人工智能等。
- 华为云:华为云隶属于华为公司,创立于 2005 年,在北京、深圳、南京等多地及海外设立有研发和运营机构。其主要产品包括弹性计算云、对象存储服务、桌面云等。
- 腾讯云:腾讯云是腾讯公司旗下产品,经过孵化期后,于 2010 年开放平台并接入首批应用,腾讯云正式对外提供云服务。其主要产品包括计算与网络、存储、数据库、安全、大数据、人工智能等。

租赁一台云服务器,需要配置的主要参数包括 CPU、硬盘、内存、线路、带宽以及服务器所在地域等。云服务器的配置关系到服务器的性能,同时与租赁价格直接挂钩。因此,在选择配置云服务器的时候,要结合性能、工作负载和价格等因素,做出稳定性与性价比最优的决策。

14.2 移动互联网和物联网

移动互联网(mobile internet,MI),就是将移动通信和互联网二者结合起来。5G 时代的开启以及移动终端设备的凸显,必将为移动互联网的发展注入巨大的能量。随着移动互联网的进步,当下万物互联的物联网概念已经成为公认的发展大趋势。

14.2.1 移动互联网的概念和业务模式

移动互联网是指互联网的技术、平台、商业模式和应用与移动通信技术结合并实践的活动总称;是一种通过智能移动终端,采用移动无线通信方式获取业务和服务的新兴业务,包含终端、软件和应用 3 个层面。终端层包括智能手机、平板电脑、电子书、MID 等;软件层包括操作系统、中间件、数据库和安全软件等;应用层包括休闲娱乐类、工具媒体类、商务财经类等不同应用与服务。随着技术和产业的发展，LTE(long term evolution，长期演进，4G 通信技术标准之一)和 NFC(near field communication，近场通信，移动支付的支撑技术)等网络传输层关键技术也被纳入移动互联网的范畴之内。

随着宽带无线接入技术和移动终端技术的飞速发展，人们迫切希望能够随时随地乃至在移动过程中都能方便地从互联网获取信息和服务，移动互联网应运而生并迅猛发展。然而，移动互联网在移动终端、接入网络、应用服务、安全与隐私保护等方面还面临着一系列的挑战。其基础理论与关键技术的研究，对于国家信息产业整体发展具有重要的现实意义。

我国的移动互联网由中国电信、中国移动与中国联通在 3G 牌照发照后开展，现在正在全面普及 5G 业务。移动互联网的智能设备主要有手机和平板电脑等。

移动互联网的业务模式主要有以下几点。

- ▽ 移动广告将是移动互联网的主要盈利来源：手机广告是一项具有前瞻性的业务形态，可能成为下一代移动互联网繁荣发展的动力因素。
- ▽ 手机游戏将成为娱乐化先锋：随着产业技术的进步，移动设备终端上会发生一些革命性的质变，带来用户体验的跳跃。加强游戏触觉反馈技术，可以预见，手机游戏作为移动互联网的杀手级盈利模式，无疑将掀起移动互联网商业模式的全新变革。
- ▽ 手持电视将成为时尚人士新宠：手持电视用户主要集中在积极尝试新事物、个性化需求较高的年轻群体，这样的群体在未来将逐渐扩大。
- ▽ 移动电子阅读填补狭缝时间：因为手机功能扩展、屏幕更大更清晰、容量提升、用户身份易于确认、付款方便等诸多优势，移动电子阅读正在成为一种流行迅速传播开来。
- ▽ 移动定位服务提供个性化信息：随着随身电子产品日益普及，人们的移动性在日益增强，对位置信息的需求也日益高涨，市场对移动定位服务需求将快速增加。
- ▽ 手机搜索将成为移动互联网发展的助推器：手机搜索引擎整合搜索概念、智能搜索、语义互联网等概念，综合了多种搜索方法，可以提供范围更宽广的垂直和水平搜索体验，更加注重提升用户的使用体验。
- ▽ 手机内容共享服务将成为客户的黏合剂：手机图片、音频、视频共享被认为是 5G 手机业务的重要应用。
- ▽ 移动支付蕴藏巨大商机：支付手段的电子化和移动化是不可避免的必然趋势，移动支付业务发展预示着移动行业与金融行业融合的深入。
- ▽ 移动社交将成为客户数字化生存的平台：在移动网络虚拟世界里面，服务社区化将成为焦点。社区可以延伸出不同的用户体验，提高用户对企业的黏性。

14.2.2 物联网的定义和特征

物联网的定义是：将物品通过射频识别信息、传感设备与互联网连接起来，实现物品的智能化识别和管理。该定义体现了物联网的三个主要本质特征。

- 互联网特征：物联网的核心和基础仍然是互联网，需要联网的物品一定要能够实现互联互通。
- 识别与通信特征：纳入物联网的"物"一定要具备自动识别(如 RFID)与物物通信(M2M)的功能。
- 智能化特征：网络系统应具有自动化、自我反馈与智能控制的特点。

物联网中的"物"要满足以下条件。

- 要有相应信息的接收器。
- 要有数据传输通路。
- 要有一定的存储功能。
- 要有专门的应用程序。
- 要有数据发送器。
- 遵循物联网的通信协议。
- 在网络中有被识别的唯一编号。

通俗地说，物联网就是物物相连的互联网。这里有两层含义，一是物联网的核心和基础仍然是互联网，是在互联网基础上延伸和扩展的网络；二是用户端延伸和扩展到了物品和物品之间进行信息交换的通信。物联网包括互联网上所有的资源，兼容互联网所有的应用，但物联网中所有的元素(如设备、资源及通信等)都是个性化和私有化的。

14.2.3 物联网的应用和发展趋势

物联网通过智能感知、识别技术和普适计算，广泛应用于社会各个领域之中，因此被称为继计算机、互联网之后信息产业发展的第三次浪潮。物联网并不是一个简单的概念，它联合了众多对人类发展有益的技术，为人类提供着多种多样的服务。

1. 物联网的技术应用

物联网主要通过以下几种关键技术提供服务应用。

- 传感器技术：把模拟信号转换成数字信号，收集、识别万物信息并通过网络上传到数据库中。
- RFID 技术：RFID 技术也是一种传感器技术，是融合了无线射频技术和嵌入式技术于一体的综合技术。RFID 在自动识别、物品物流管理方面有着广阔的应用前景。
- 二维码：又称二维条码，是用特定的几何图形按一定规律在平面(二维方向)上分布的黑白相间的图形来记录信息的条形码。因为二维条码是在水平和垂直方向的二维空间存储信息的条码，所以存储信息量比商品上的一维条码存储的信息量大，而且具有纠错能力，用手机摄像头一拍，立刻解码出丰富的信息内涵。在我们的实际生活中，二维码已是随处可见，应用广泛。

- 嵌入式系统技术：嵌入式系统技术是综合了计算机软硬件、传感器技术、集成电路技术、电子应用技术于一体的复杂技术，在智能家电等设备中广泛应用。
- 网络技术：物联网和云计算都需要网络支持，现在移动互联网、IPv6 和 5G 通信技术已经开始得到广泛应用。

物联网提供源源不断的大数据，再通过网络进行云存储，用云计算的强大计算能力来实现数据处理和挖掘其应用价值。物联网在物流行业广泛用于物流跟踪，在种植、食品行业广泛用于产品追溯，在各行各业都具有应用价值。

2. 物联网的发展趋势

随着万物互联的物联网时代的来临，其作为新一代信息技术的高度集成和综合运用，将对新一轮产业变革和经济社会绿色、智能、可持续发展起到重要作用。物联网未来的发展趋势主要有新机遇和新挑战两方面。

随着我国物联网行业应用需求升级，将为物联网产业发展带来新机遇。

- 传统产业智能化升级将驱动物联网应用进一步深化：当前物联网应用正在向工业研发、制造、管理、服务等业务全流程渗透，农业、交通、零售等行业物联网集成应用试点也在加速开展。
- 消费物联网应用市场潜力将逐步释放：全屋智能、健康管理、可穿戴设备、智能门锁、车载智能终端等消费领域市场保持高速增长，共享经济蓬勃发展。
- 新型智慧城市全面落地实施将带动物联网规模应用和开环应用：全国智慧城市由分批试点步入全面建设阶段，促使物联网从小范围局部性应用向较大范围规模化应用转变，从垂直应用和闭环应用向跨界融合、水平化和开环应用转变。

我国物联网产业核心基础能力相对较为薄弱、高端产品对外依存度较高、原始创新能力尚显不足等问题长期存在。此外，随着物联网产业和应用加速发展，一些新问题日益突出，主要体现在以下几个方面。

- 产业整合和引领能力仍需要提高：当前各知名物联网企业纷纷以平台为核心构建产业生态，通过兼并整合、开放合作等方式增强产业链上下游资源整合能力，在企业营收、应用规模、合作伙伴数量等方面均大幅增加。我国的物联网企业需要继续整合产业链上下游资源、引领产业协调发展，不断提升产业链协同性能力。
- 物联网安全问题日益突出：数以亿计的设备接入物联网，针对用户隐私、基础网络环境等的安全攻击不断增多，物联网风险评估、安全评测等尚未成熟，成为推广物联网应用的重要制约因素。
- 标准体系仍不完善：一些重要标准研制进度较慢，跨行业应用标准制定推进困难，尚难满足产业急需和规模应用需求。

因此，我国必须重新审视物联网对经济社会发展的基础性、先导性和战略性意义，牢牢把握物联网发展的新一轮重大转折机遇，进一步聚焦发展方向，优化调整发展思路，持续推动我国物联网产业保持健康有序发展，抢占物联网生态发展主动权和话语权，为我国国家战略部署的落地实施奠定坚实基础。

14.3 大数据

大数据开启了重大的时代转型，带来的信息风暴变革人们的生活、工作和思维。大数据对人类的认知和与世界交流的方式提出了全新的挑战，它已成为新发明和新服务的源泉。

14.3.1 大数据的定义和特征

大数据(big data)是指信息量巨大，无法利用现有的软件工具在合理的时间内提取、存储、搜索、共享、分析和处理的海量的、复杂的数据集合。大数据一般是指PB(拍字节，即2^{50}B，也就是2的50次方字节)级及以上的数量级规模。

大数据具有"5V"特征，对大数据的特征描述比较准确：大体量(volume)、多种类(variety)、高速度(velocity)、低价值密度(value)、准确性(veracity)。

- ▽ 大体量(volume)：数据量大，包括采集、存储和计算的量都非常大。大数据的起始计量单位是PB(1000 TB)、EB(100万TB)或ZB(10亿TB)。
- ▽ 多种类(variety)：大数据的类型可以包括网络日志、音频、视频、图片、地理位置信息等。其中10%为结构化数据，通常存储在数据库中；90%为半结构化、非结构化数据，格式多种多样。它具有异构性和多样性的特点，没有明显的模式，也没有连贯的语法和句义，而多种类型的数据对数据的处理能力提出了更高的要求。
- ▽ 高速度(velocity)：处理速度快，时效性要求高，需要实时分析，数据的输入、处理和分析要连贯性地处理，这是大数据区别于传统数据挖掘的最显著特征。
- ▽ 低价值密度(value)：大数据价值密度相对较低。例如，随着物联网的广泛应用，信息感知无处不在，产生了海量信息，但存在大量不相关信息。
- ▽ 准确性(veracity)：也可以称之为真实性，即大数据来自现实生活，因此能够保证一定的真实准确性。相对来说，大数据信息含量高、噪声含量低，即信噪比较高。

14.3.2 大数据的处理技术

大数据的处理结果往往采用可视化图形表示，基本原则是：要整体不要抽样，要效率不要绝对精确，要相关不要因果。具体的大数据处理方法很多，主要处理流程是大数据采集、数据导入和预处理、数据统计和分析、数据挖掘等。

- ▽ 大数据采集：大数据采集是指利用多个数据库来接收发自客户端(Web、App或者传感器等)的数据。大数据采集的特点是并发数高，因为可能会有成千上万的用户同时进行访问和操作。例如火车票售票网站和淘宝网站，它们的并发访问量在峰值时达到了上百万,所以需要在采集端部署大量数据库才能支持数据采集工作,这些数据库之间如何进行负载均衡也需要深入思考和仔细设计。

▽ 数据导入和预处理:要对采集的海量数据进行有效分类,还应该将这些来自前端的数据导入一个集中的大型分布式数据库中,并且在导入基础上做一些简单的数据清洗和预处理工作。导入与预处理过程的特点是数据量大,每秒钟的导入量经常会达到百兆,甚至千兆。可以利用数据提取、转换和加载工具,将分布的、异构的数据(如关系数据、图形数据等)抽取到临时中间层后,进行清洗、转换、集成,最后导入数据库中。

▽ 数据统计和分析:统计与分析主要是对存储的海量数据进行普通的分析和分类汇总,常用的统计分析有假设检验、显著性检验、差异分析、相关分析、方差分析、回归分析、曲线分析、因子分析、聚类分析、判别分析等技术。统计与分析的特点是涉及的数据量大,会极大地占用系统资源,特别是I/O设备。

▽ 数据挖掘:大数据只有通过数据挖掘才能获取很多深入的、有价值的信息。大数据挖掘最基本的要求是可视化分析,因为可视化分析能够直观地呈现大数据的特点,同时能够非常容易地被读者接受。数据挖掘主要是在大数据基础上进行各种算法的计算,从而起到预测的效果。数据挖掘的方法有分类、估计、预测、相关性分析、聚类、描述和可视化等。可对 Web、图像、视频、音频等复杂数据类型进行数据挖掘。如果数据挖掘算法很复杂,设计的数据量和计算量就会很大,常用的数据挖掘算法以多线程为主。

14.3.3 大数据的应用

大数据技术在政府机关、电子商务、金融、医疗、能源以及教育等领域都有广泛应用。

1. 政务大数据

许多国家的政府和国际组织都认识到了大数据的重要作用,纷纷将开发利用大数据作为夺取新一轮竞争制高点的重要抓手。我国已将大数据视为国家战略,并且在实施上已经进入企业战略层面,这种认识已经远远超出当年的信息化战略。其他很多国家的政府部门也已经开始推广大数据应用。

政务和互联网大数据加速融合,互联网网民行为数据、交易数据、日志数据、意愿数据等海量数据,蕴藏着无限的可挖掘的价值。在"互联网+"时代,互联网、移动互联网已经成为民众获取信息的最主要渠道,也成为政府采集民众意愿、需求等数据的有效来源。因此,政务数据与互联网数据之间的融合应用,是深化政务大数据应用的必然趋势。

2. 行业大数据

在电子商务、金融、医疗、能源、交通、制造业甚至跨行业领域,大数据的应用无处不在,目前应用最为广泛的是以下几个方面。

- 电子商务:目前,电子商务已经超越了传统的零售模式,成为大众最主流的消费方式之一。爆炸性增长的数据已经成为电子商务非常具有优势和商业价值的资源,电子商务平台掌握了非常全面的客户信息、商品信息,以及客户与商品之间的联系信息,包括用户注册信息、浏览信息、消费记录、送货地址、用户对商品的评价、商品信息、商品交易信息、库存量以及商家的信用信息等。可以说,大数据已被应用到整个电子商务的业务流程当中。电子商务能够有现在的发展,能够在消费模式中牢牢占据主流位置,大数据技术功不可没。

- 金融:金融机构的作用就是解决资金融通双方信息不对称问题。大数据技术中的对信息进行挖掘分析的功能,在金融领域当中能够有效促进行业的健康发展,增加市场份额,提升客户忠诚度,提升整体收入,降低金融风险。目前大数据在金融领域主要应用于风险评估和市场预测等。

- 医疗:随着医疗卫生信息化建设进程的不断加快,医疗数据的类型和规模也在以前所未有的速度迅猛增长。这种特殊、复杂的庞大医疗数据,比如从挂号开始,医院便将个人姓名、年龄、住址、电话等信息输入数据库;面诊过程中病患的身体状况、医疗影像等信息也会被录入数据库;看病结束以后,费用信息、报销信息、医保使用情况等信息也被添加到数据库里面。这就是医疗大数据最基础、最庞大的原始资源。这些数据可以用于临床决策支持,如用药分析、药品不良反应、疾病并发症、治疗效果相关性分析,或者用于疾病诊断与预测,或者制定个性化治疗方案。对医疗数据进行管理、整合、分析、预测,能够帮助医院进行更有效的决策。

3. 教育大数据

在教育界,特别是在学校教育中,数据成为教学改进最为显著的指标。通常,这些数据不仅包括教师和学生的个人信息、考试成绩,同时也包括入学率、出勤率、辍学率、升学率等。对于具体的课堂教学来说,数据应该是能说明教学效果的,如学生识字的准确率、作业的正确率、积极参与课堂提问的举手次数、回答问题的次数、时长与正确率、师生互动的频率与时长。进一步具体来说,比如每个学生回答一个问题所用的时间是多长,不同学生在同一问题上所用时长的区别有多大,整体回答的正确率是多少,这些具体的数据经过专门的收集、分类、整理、统计、分析就成为大数据。近年来,随着大数据成为互联网信息技术行业的流行词汇,教育逐渐被认为是大数据可以大有作为的一个重要应用领域,大数据也将给教育领域带来革命性的变化。

在如今的信息化社会,每个人都至少有一部手机,办公不再是纸质文件,而是被计算机所代替。每个行业,每天都要产生大量的数据。随着数据的不断增加,其已成为了一种商业资本,一项重要投入。在很多行业里,每天产生的数据都具备大数据的特征,需要用大数据的处理方式来处理。如果没有大数据的处理技术,很多行业都不会发展到今天这样的高度。因此可以说,大数据技术未来的发展将会影响到很多行业的发展。

14.4 人工智能

人工智能(artificial intelligence,AI),是研究与开发用于模拟、延伸和扩展人的智能的理论、方法、技术及应用系统的一门新的技术科学。

14.4.1 人工智能的概念和发展

人工智能是计算机科学的一个分支,它企图了解智能的实质,并生产一种新的能以人类智能相似的方式做出反应的智能机器,该领域的研究包括机器人、语言识别、图像识别、自然语言处理和专家系统等。人工智能从诞生以来,理论和技术日益成熟,应用领域也不断扩大,可以设想,未来人工智能带来的科技产品,将会是人类智慧的"容器"。人工智能可以对人的意识、思维的信息过程进行模拟。

人工智能虽然不是人的智能,但能像人那样思考,也可能超过人的智能。

从1956年正式提出人工智能学科算起,60多年来,人工智能取得长足的发展,成为一门广泛的交叉和前沿科学。总的来说,人工智能的目的就是让计算机这台机器能够像人一样思考。如果希望做出一台能够思考的机器,那就必须知道什么是思考,更进一步讲就是什么是智慧。什么样的机器才是智慧的呢?科学家已经制造出了汽车、火车、飞机、收音机等,它们模仿我们身体器官的功能,但是能不能模仿人类大脑的功能呢?到目前为止,我们也仅仅知道我们的大脑是由数十亿个神经细胞组成的器官,我们对其知之甚少,模仿它或许是天下最困难的事情了。

而当计算机出现后,人类开始真正有了一个可以模拟人类思维的工具,在以后的岁月中,无数科学家为这个目标努力着。如今人工智能已经不再是几个科学家的专利,全世界几乎所有大学的计算机系都有人在研究这门学科,在大家不懈的努力下,如今计算机似乎已经变得十分聪明。例如,1997年5月,IBM公司研制的深蓝(Deep Blue)计算机战胜了国际象棋大师卡斯帕洛夫(Kasparov)。

许多人或许没有注意到,在一些地方,计算机帮助人进行原来只属于人类的工作,计算机以其高速和准确为人类发挥着它的作用。人工智能是计算机科学的前沿学科,计算机编程语言和其他计算机软件都因为有了人工智能的进展而得以存在。

14.4.2 人工智能的特点和应用

1. 人工智能的特点

现有人工智能的特点可以总结为:弱人工智能比人强,强人工智能不如人。

▽ 弱人工智能:就是指应用到专一领域只具备专一功能的人工智能系统,例如股价预测、无人驾驶、智能推送或者 Alpha 狗。这类应用的领域非常专一,重复劳动量大,训练数据体量异常庞大,涉及复杂决策或分类难题。

▽ 强人工智能：就是指通用型人工智能。目前人工智能系统受限于学习能力、算法、数据来源等，只适合训练针对单一工作的弱人工智能系统。况且人类目前对于自己的认知行为的研究尚且有限，更不要说开发出具有跟人类一样认知能力的全能型人工智能系统。

2. 人工智能的应用领域

人工智能应用的范围很广，包括计算机科学、金融贸易、医院和医药、工业、运输、远程通信、在线和电话服务、法律、科学发现、玩具和游戏、音乐等。下面举例介绍常用的几种应用。

▽ 人机对话：学术界和工业界越来越重视人机对话，在任务比较明确的应用领域，人机对话已取得很明显的成效。现在，网购平台90%以上的询问已由计算机智能客服解决，只有不到10%的询问由人工客服完成。人机对话系统经历了语音助手、聊天机器人和面向场景的任务执行3个阶段。目前，人机对话已经在多个行业领域得到应用，除电子商务外，还包括金融、通信、物流和旅游等。

▽ 智能金融：人工智能技术在金融业中可以用于服务客户，支持授信、各类金融交易和金融分析中的决策，并用于风险防控和监督，将大幅改变金融现有格局，金融服务将会更加个性化与智能化。百度、阿里巴巴和腾讯3家互联网企业都是智能金融应用起步较早、技术较为成熟的代表。它们不仅开展人工智能研究性工作，而且本身具备强大的智能金融应用场景，因此处于人工智能金融生态服务的顶端。

▽ 智能医疗：随着人工智能、大数据、物联网的快速发展，智能医疗在辅助诊疗、疾病预测、医疗影像辅助诊断、药物开发、精神健康、可穿戴设备等方面发挥了重要作用，同时，让更多人共享有限的医疗资源，为解决"看病难"问题提供了新的思路。目前，世界各国的诸多科技企业都投入大量资源建立人工智能团队，从而进入智能医疗健康领域。

▽ 智能安防：随着智慧城市建设的推进，安防行业正进入一个全新的加速发展的时期。从平安城市建设到居民社区守护，从公共场所的监控到个人电子设备的保护，智能安防技术已得到深入广泛应用。利用人工智能对视频、图像进行存储和分析，进而从中识别安全隐患并对其进行处理是智能安防与传统安防的最大区别。从2015年开始，我国多个城市都在加速推进平安城市的建设，积极部署公共安全视频监控体系。无论是在生活、工作、购物还是休闲中，都能看到安防系统，它就像无声的"保镖"守护着人们人身和财物的安全，公安部门也可以借助安防监控系统破获各类案件。现在很多城市中的新旧住宅小区也都安装了智能安防系统。

▽ 自动驾驶：随着科技的不断发展和进步，一批互联网高科技企业，如百度等都以人工智能的视角切入自动驾驶领域。中国无人驾驶车在环境识别、智能行为决策和控制等方面实现了新的技术突破。虽然现在人工智能在自动驾驶领域得到了大量的应用，但目前还不是很成熟，无人驾驶功能现在只能称之为自动辅助驾驶。

14.4.3 人工智能的开发框架和平台

1. 常用的开发框架和 AI 库

- TensorFlow：TensorFlow 是人工智能领域最常用的框架，是一个使用数据流图进行数值计算的开源软件，该框架允许在任何 CPU 或 GPU 上进行计算。TensorFlow 拥有包括 TensorFlow Hub、TensorFlow Lite、TensorFlow Research CLond 在内的多个项目以及各类应用程序接口，被广泛应用于各类机器学习算法的编程实现。该框架使用 C++和 Python 作为编程语言，简单易学。
- Caffe：Caffe 是一个强大的深度学习框架，主要采用 C++作为编程语言，深度学习速度非常快。借助 Caffe，可以非常轻松地构建用于图像分类的卷积神经网络。
- Accord.NET：Accord.NET 框架是一个.NET 机器学习框架，主要使用 C#作为编程语言。该框架可以有效地处理数值优化、人工神经网络甚至是可视化，除此之外，它有强大的计算机视觉和信号处理功能。
- 微软 CNTK：CNTK (Cognitive Toolkit)是一款开源深度学习工具包，是一个提高模块化和维护分离计算网络，提供学习算法和模型描述的库，可以同时利用多台服务器，速度比 TensorFlow 快，主要使用 C++作为编程语言。
- Theano：Theano 是一个强大的 Python 库。该库使用 GPU 来执行数据密集型计算，操作效率很高，常被用于为大规模的计算密集型操作提供动力。
- Keras：Keras 是一个用 Python 编写的开源神经网络库。与 TensorFlow、CNTK 和 Theano 不同，Keras 作为一个接口提供高层次的抽象，让神经网络的配置变得简单。
- Torch：Torch 是一个用于科学和数值计算的开源机器学习库，主要采用 C 语言作为编程语言。它是基于 Lua 的库，通过提供大量的算法，更易于深入学习研究，提高了效率和速度。它有一个强大的 N 维数组，有助于切片和索引之类的操作。此外，Torch 还提供了线性代数程序和神经网络模型。
- Apache Spark MLlib：Apache Spark MLlib 是一个可扩展的机器学习库，可采用 Java、Scala、Python、R 作为编程语言，可以轻松地插入 Hadoop 工作流程中。它提供了机器学习算法，如分类、回归、聚类等，处理大型数据时非常快速。

2. 人工智能的开发平台

目前，国内比较知名的 AI 开放平台有百度 AI 开放平台、腾讯 AI 开放平台和阿里 AI 开放平台。利用 AI 开放平台，初学者就能轻松地使用搭建好的基础架构资源，通过调用其相关 API (application programming interface，应用程序编程接口)，使自己的应用程序获得 AI 功能。在使用平台功能之前，需要在相关网页中注册和认证，方可进行相关业务操作。

14.5 虚拟现实

虚拟现实(virtual reality，VR)又称为"灵境""赛博空间"等，它集中体现了计算机技术、计算机图形学、多媒体技术、传感技术、显示技术、人机交互、人工智能等多个领域的最新发展。

14.5.1 虚拟现实的概念和特性

虚拟现实是利用计算机技术等高新技术生成一种逼真的三维模拟环境，用户能通过多种传感设备沉浸到这个能产生"身临其境"感觉的仿真场景。

虚拟现实以计算机技术为主，利用并综合三维图形动画技术、多媒体技术、仿真技术、传感技术、显示技术、伺服技术等多种高科技的最新发展成果，利用计算机等设备来产生一个逼真的三维视觉、触觉、嗅觉等多种感官体验的虚拟世界，从而使处于虚拟世界中的人产生一种身临其境的感觉。在这个虚拟世界中，人们可直接观察周围世界及物体的内在变化，与其中的物体之间进行自然的交互，并能实时产生与真实世界相同的感觉，使人与计算机融为一体。与传统的模拟技术相比，VR技术的主要特征是：用户能够进入一个由计算机系统生成的交互式的三维虚拟环境中，可以与之进行交互。通过参与者与仿真环境的相互作用，并利用人类本身对所接触事物的感知和认知能力，帮助启发参与者的思维，全方位地获取事物的各种空间信息和逻辑信息。

进入20世纪90年代后，迅速发展的计算机硬件技术与不断改进的计算机软件系统相匹配，使得基于大型数据集合的声音和图像的实时动画制作成为可能，人机交互系统的设计不断创新，新颖、实用的输入输出设备不断地涌入市场。

虚拟现实的特性主要有以下几方面。

- 沉浸性：沉浸性(immersion)是指用户感受到被虚拟世界所包围，好像完全置身于虚拟世界中一样。VR技术最主要的技术特征是让用户觉得自己是计算机系统所创建的虚拟世界中的一部分，使用户由观察者变成参与者，沉浸其中并参与虚拟世界的活动。理想的虚拟世界应该达到使用户难以分辨真假的程度，甚至超越真实，实现比现实更逼真的照明和音响效果。

- 交互性：交互性(interactivity)的产生，主要借助于VR系统中的特殊硬件设备(如数据手套、力反馈装置等)，使用户能通过自然的方式，产生同在真实世界中一样的感觉。

- 构想性：构想性(imagination)又称为想象性，指虚拟的环境是人想象出来的，同时这种想象体现出设计者相应的思想，因而可以用来实现一定的目标。比如设计室内装修效果图、设计建筑物、设计传说中的神话人物、设计外壳数字模型、设计战场环境等。所以说VR技术不仅是一个媒体或一个高级用户界面，还是一个复杂的仿真系统，是为解决工程、医学、军事等方面的问题而由开发者设计出来的应用软件。

14.5.2 虚拟现实的分类和应用

1. 虚拟现实系统的分类

在实际应用中,根据 VR 技术对沉浸程度的高低和交互程度的不同,将 VR 系统划分为 4 种类型:沉浸式 VR 系统、桌面式 VR 系统、增强式 VR 系统、分布式 VR 系统。其中桌面式 VR 系统因其技术非常简单,需投入的成本也不高,在实际应用中较广泛。

2. 和虚拟现实相关的概念

在虚拟现实中还派生了其他几种相关概念。

- 增强现实(augmented reality,AR):AR 是将计算机系统提供的信息或图像与在虚拟现实世界的时间、空间范围内很难体验到的实体信息进行信息叠加呈现给用户,虚实结合从而提升用户对现实世界的感知能力。微软公司于 2015 年 1 月 22 日发布了 HoloLens 全息眼镜,这是增强现实技术的一个重要的时刻,标志着增强现实技术逐步开始进入普通人的日常生活中。
- 混合现实(mixed reality,MR):MR 包括增强现实和增强虚拟。加拿大多伦多大学工业工程系的保罗·米尔格拉姆(Paul Milgram)对 MR 的定义是:真实世界和虚拟世界在一个显示设备中同时呈现,构建虚拟现实影像信息与现实实体信息两者合并出现的场景。
- 扩展现实(extended reality,XR):XR 通过信息技术和可穿戴设备等将现实与虚拟现实影像相结合而构建的一个真实与虚拟相结合、可人机交互的环境。

3. 虚拟现实技术应用

虚拟现实在游戏、医学、军事、教育等领域有广泛的应用。

- 游戏领域应用:Steam 等游戏平台为玩家们提供了大量的 VR 游戏,配合虚拟现实头盔,就可以让用户进入一个可以交互的虚拟场景中体验惊险刺激的游戏内容。
- 医疗领域应用:虚拟现实技术不只是在游戏领域有巨大潜力,在医疗领域同样有广阔空间,特别在医疗培训、临床诊疗、医学干预、远程医疗等方面具有一定的优势。2020 年 11 月,我国首个"虚拟现实医院计划"正式启动。"虚拟现实医院计划"将采用 VR/AR/MR、全息投影、人机接口、神经解码编码等技术,促进医、教、研、产一体化,提出未来新医疗全套解决方案。
- 军事领域应用:虚拟现实技术应用于军事领域,通过虚拟现实技术模拟训练场、作战环境、灾难现场等,训练士兵在军事实战和危险应急的情况下如何做出快速有效的反应,对提高训练和演习效果起到了至关重要的作用。例如,采用虚拟现实技术让受训者置身于一座现代化"战争实验室",营造出逼真战场氛围。在动感座舱里战士们戴上"VR 头盔"进行战争"预实践",培养战术素养、锤炼心理素质。

14.6 区块链

作为一种新兴技术，区块链是分布式数据库存储、点对点传输、共识机制、加密算法等计算机技术在互联网时代的创新应用模式。从应用角度来看，区块链在数据共享、优化业务流程、降低运营成本、建设诚信社会有着关键和基础的作用。

14.6.1 区块链的定义和特点

2021年6月，工业和信息化部、中共中央网络安全和信息化委员会办公室印发《关于加快推动区块链技术应用和产业发展的指导意见》这一政策文件，对区块链的定义如下：区块链是新一代信息技术的重要组成部分，是分布式网络、加密技术、智能合约等多种技术集成的新型数据库软件。区块链具有数据透明、不易篡改、可追溯等特点，有望解决网络空间的信任和安全问题，推动互联网从传递信息向传递价值变革，重构信息产业体系。这一政策文件明确提出到2025年，区块链产业综合实力达到世界先进水平，产业初具规模。到2030年，区块链产业综合实力持续提升，产业规模进一步壮大。区块链与互联网、大数据、人工智能等新一代信息技术深度融合，在各领域实现普遍应用，培育形成若干具有国际领先水平的企业和产业集群，产业生态体系趋于完善。区块链成为建设制造强国和网络强国，发展数字经济，实现国家治理体系和治理能力现代化的重要支撑。

从上述定义来看，区块链最重要的特点是基于区块链技术的数据库软件中的信息"透明、安全、可信"。区块链数据透明、不易篡改、可追溯，能让数据可以"信任"。信任是区块链最基础的功能，把现实生活中人与人之间的诚信用数据库中数据区块与数据区块之间形成的区块链来实现数据信任机制。这样可以减少人们在事务中查验证照等信息的时间和成本，提高效率。

14.6.2 区块链的应用构想

区块链技术最重要的意义就在于去除中心管理和控制的必要性，用分布存储、数字签名技术和统计的方法建立一种让互不信任的各方可以信赖的机制，用于记录和交换信息资源。这为许多原来不能实现的应用开辟了途径，并颠覆了一些习以为常的思维方法，其影响是深刻的。比特币是区块链最成功的应用，已经广为人知。下面介绍几个有代表性的应用构想，有助于进一步理解区块链的意义。

- ▽ 食品和生活用品的生产供应链及流通过程的监督记录：原料供应商、生产商、销售商、政府监督部门联合组成一个区块链网络，用区块链实时记录原料供应、生产流程以及产品库存和流通的信息，为最终的产品提供可以跟踪的历史数据。由于这些团体利益不同，保证了任何一个团体无法控制整个系统而单独修改或删除数据。这有助于保证和提高产品的质量。

- ▽ 各级政府的资源管理和项目审批过程的监督记录：各级政府控制的地产、矿产等各种自然资源，以及其利用和审批过程的各种文件交流和结果，工程项目的招标、投标的各种信息和文件交流、决策及项目结果等，都可以记录到区块链中。甚至项目合同也可以通过区块链实现。区块链由全国的各级政府、媒体、民间团体组成网络共同维护，使得任何一方无法单独修改记录。这不仅大大提高政府的行政效率，还提高政府的透明度和信誉，让腐败难以藏身。
- ▽ 建立全面 1 的个人数字档案：个人数字档案详细地记录了教育和工作经历，包括就读学校和学习成绩、工作单位和年薪、家庭及财产和债务构成、身体健康和医疗记录、成就、荣誉以及犯罪记录等。这些信息分布在不同的区块链中，分别由教育系统、就业或税收系统、医疗系统、金融系统以及执法系统维持。有些敏感数据的所有权属于个人，用个人的公钥加密并且只有个人的私钥才能解密。有些数据的所有权属于个人和有关部门，只有各自的私钥才能解密。个人可以根据要求授权让第三方查阅有关资料。具备这些丰富的、真实且不可修改的数据，申请房贷将成为一个人工智能的决策过程，而交易合同可以通过金融系统的区块链自动实现，如每月自动从银行账户转移还款数额。可靠又能正当盈利的网络 P2P 也可能重获生机。医生可以在病人的授权下随时随地查阅所有的健康数据、用药和治疗历史，进而提高治疗的水平。

14.7　习题

1. 简述云计算的服务和部署模式。
2. 简述大数据的处理技术。
3. 简述人工智能的应用领域。
4. 简述虚拟现实的概念和特性。
5. 简述区块链的定义和特点。